圖解

五南圖書出版公司 印行

病毒學

劉明德
黃國石 /著

閱讀文字

理解內容

觀看圖表

圖解讓
病毒學
更簡單

序

序

學習病毒學必須掌握病毒的形態、結構、增殖、感染與致病性特點，以及引起人類疾病的常見病毒的主要特點。病毒學主要闡述與醫學有關病毒學的生物學特性、致病和免疫機制，以及特異性診斷和防治措施。

病毒的基本性狀之學習目標爲：（一）掌握病毒的概念，基本結構，病毒增殖週期的定義、過程及增殖的異常現象與分類（二）了解病毒的大小形態，培養，遺傳和變異。

病毒的感染與免疫之學習目標爲：（一）掌握病毒的致病功能（整體性水準，細胞水準，對免疫系統的功能）（二）掌握抗病毒免疫（干擾素與 NK 細胞，特異性免疫）。

病毒感染的檢查方法與防治原則之學習目標爲：（一）了解病毒的診斷，抗病毒治療，病毒感染的預防。

呼吸道感染病毒之學習目標爲：（一）掌握流感病毒、麻疹病毒的生物學性狀，致病性與免疫性，流感病毒的抗原結構及變異（二）掌握腮腺炎病毒、風疹病毒的致病性（三）了解呼吸道病毒的微生物檢查法與防治原則。

腸道感染病毒之學習目標爲：（一）掌握脊髓灰質炎病毒的致病性、免疫性及特異性預防（二）了解其他腸道病毒（柯薩奇病毒 ECHO 病毒）的致病性（三）了解腸道病毒的微生物檢查法與防治原則。

肝炎病毒之學習目標爲：（一）掌握肝炎病毒的分類，各類肝炎病毒的生物學性狀，傳播方式，HAV、HBV、HCV、HEV 的致病性與免疫性，微生物檢查法（二）了解 D 型肝炎病毒等其他肝炎病毒的致病性 與免疫，及生物學檢查法。

蟲媒病毒之學習目標爲：（一）了解黃病毒與 A 型病毒的共同特徵（二）掌握 B 型腦炎病毒的生物學特徵、傳播途徑、致病性、免疫性與防治的原則（三）了解登革熱病毒、森林腦炎病毒的傳播途徑、致病性、免疫性與防治的原則（四）了解微生物學檢查方法。

出血熱病毒之學習目標爲：（一）了解常見的引起出血熱的病原體，生物學性狀，流行部位，致病性與免疫性（二）了解微生物學檢查方法與防治原則。

皰疹病毒之學習目標爲：（一）掌握皰疹病毒的共同特點（二）掌握常見致人類感染的皰疹病毒種類（三）掌握 HSV、VZV、EBV、CMV 的生物學性狀，致病性與免

疫性（四）了解單純皰疹病毒和水痘：帶狀皰疹病毒的潛伏感染特性；巨細胞病毒與先天性感染；EB 病毒與鼻咽癌的關係（五）了解 HSV、VZV、EBV 的微生物學檢查方法與防治原則。

逆轉錄病毒之學習目標為：（一）了解逆轉錄病毒的種類（二）掌握 HIV 生物學性狀（形態與結構，基因組結構與功能，病毒的複製與變異、病毒受體與細胞親嗜性、培養特性、抵抗力），致病性與免疫性（傳染來源與傳播途徑、臨床表現、致病機制）與防治原則（三）了解逆轉錄病毒分型，HTL-I，HTL-II。

其他的病毒之學習目標為：（一）掌握狂犬病毒、HPV 的致病性與免疫性。（二）了解狂犬病毒、HPV 的生物學性狀，微生物學檢查方法與防治原則（三）了解 prion 生物學形狀，致病性與免疫性（四）了解 prion 的診斷和防治。

本書包括總論和個論，總論重點介紹病毒的基本性狀、感染與免疫；個論則重點地介紹呼吸道病毒、腸道病毒、急性胃腸炎病毒、肝炎病毒、皰疹病毒、逆轉錄病毒、及狂犬病毒、人乳頭瘤病毒等。也介紹了各種常見的病毒及朊粒。

本書針對教學中的重點與內容的有所疑難之處，充分運用非線性互動式的呈現方式，以圖、文、表並茂的立體互動式空間，呈現出多樣化與生動活潑的嶄新教學方式，深刻地營造出更易於被學生所接受的教學方式。由於本書的教學內容相當豐富、臨床操作流程相當富有真實的臨場感、圖片精美、呈現的方式富有幽默感而相當地輕鬆愉快、引人入勝，從而能夠有效地提昇學生的學習興趣、減輕學生的負擔、有效地縮短了學習的時間並強化了教學的效果。

本書參考了許多專業書籍，對其中的基本概念、基礎知識、重點與疑難之處做了深入淺出的歸納與推理，從而形成了若干個教學專題。整體性教學流程力求內容的主軸相當清晰易懂、前後的連動關係密切整合、內容的層次相當分明並特別突顯出重點與疑難之處。

鑑於編著者編寫的時間相當匆促，疏漏在所難免，尚望親愛的讀者群與海內外先進不吝指正。

本書特色

- 藉由生動活潑的圖解方式，使專業的知識概念單元化，在每頁不到一千字的精簡與精鍊敘述中，附加上圖表的系統歸納，使讀者能夠輕鬆地瞭解這些艱澀難懂的專業知識。
- 以深入淺出、循序漸進的方式與通俗易懂的語言，整體性而系統化地介紹了病毒學的基本理論、方法與技術。
- 特別聚焦於關鍵性的重點，將理論與實務做有效地整合，內容精簡扼要。
- 適用於醫護相關科系學生、研習醫護通識課程的學生、醫護相關職場的從業人員、對病理學有興趣的社會大眾與參加各種醫護認證與相關考試的應考者。
- 巧妙地將每一個單元分爲兩頁，一頁文一頁圖，左頁爲文，右頁爲圖，左頁的文字內容部分整理成圖表呈現在右頁。右頁的圖表部分除了畫龍點睛地圖解左頁文字的論述之外，還增添相關的知識，以補充左頁文字內容的不足。左右兩頁互爲參照化、互補化與系統化，將文字、圖表等生動活潑的視覺元素加以互動式地有效整合。
- 將「小博士解說」補充在左頁文字頁，將「知識補充站」補充在右頁圖表頁，以作爲延伸閱讀之用。

第6章　人類皰疹病毒

第7章　蟲媒病毒

第8章　出血熱病毒

第9章　逆轉錄病毒

第10章　其他的病毒

NOTE

第 1 章
病毒總論

1. 掌握病毒的形態、結構及致病性

2. 熟悉病毒的增殖方式及感染的途徑

3. 瞭解病毒的抵抗力及檢測方法

4. 掌握病毒的概念；病毒的大小與形態；病毒的結構和化學組成

5. 熟悉病毒的增殖；理化因素對病毒的影響

6. 瞭解病毒的遺傳變異；病毒的分類

7. 掌握病毒的結構與功能

1-1 概論

　　在希臘有一則神話這樣寫道：眾神之父宙斯送給美女潘朵拉一個盒子，並囑咐她在途中千萬別打開。但是潘朵拉抑制不住好奇心的驅使，忍不住打開盒子。結果從裡面跑出各種惡魔，例如戰爭、仇恨、疾病及災荒等。它們從此與人類文明相生相隨。

（一）病毒的概念

1. 病毒（virus）是一種只能在活細胞內，以自我複製的方式來做增殖的非細胞型微生物。
2. 病毒是一種體積相當微小，無產能的酶系統，可以通過除菌濾器，絕大多數需要使用電子顯微鏡才能觀察到。

（二）病毒的特徵

1. 體積微小，以納米（nm）為測量的單位。
2. 為非細胞的結構，結構相當簡單
   (1) 僅由核酸和蛋白質所組成。
   (2) 僅含有一種核酸（RNA 或 DNA）。
   (3) 缺乏酶系統、並無完整的細胞結構。
3. 病毒必須在活的易感染細胞內寄生或存活（以分子層級來寄生）。
4. 抵抗力相當特殊，對抗生素並不敏感，但是對干擾素相當敏感。
5. 在醫學微生物中占有重要的地位
   (1) 病毒感染占 75％。
   (2) 傳染性較強，傳播較快，流行較廣，診治相當困難，病死率較高，其後遺症相當嚴重。
   (3) 與腫瘤和自身免疫病相關。
   (4) 持續性的感染。
   (5) 威脅健康的新病原體會不斷地出現。
6. 病毒與人類關係十分密切，會引起人類多種疾病，依據相關的統計顯示大約有 75 ％的人類傳染病由病毒感染所引起。
7. 其中有些病毒傳染性較強，流行相當廣泛，例如流感病毒已經引起數次世界性的大流行；有些病毒會引起先天性感染，危害極大，例如風疹病毒可以透過胎盤感染胎兒，導致死胎或先天性畸形胎兒；有些病毒會引起慢性持續感染，例如 B 型肝炎病毒所引起的慢性 B 型肝炎；也有些與人類惡性腫瘤的發生和發展密切相關，例如人類乳頭瘤病毒會引起人類子宮頸癌等。
8. 目前，尚無特效藥物用於治療病毒性疾病，故防治病毒感染的研究顯得極為重要。
9. 以複製的方式來繁殖。

病毒所引起疾病的特點

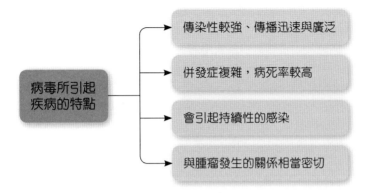

病毒所引起疾病的特點
- 傳染性較強、傳播迅速與廣泛
- 併發症複雜，病死率較高
- 會引起持續性的感染
- 與腫瘤發生的關係相當密切

病毒的概念

病毒	是一種非細胞型微生物
個體相當微小	可以透過除菌過濾器，在電子顯微鏡下做觀察
結構相當簡單	由蛋白質和核酸所組成，只有一種核酸（RNA 或 DNA），並無完整的細胞結構
在活細胞內存活	以複製的方式來繁殖

▲ 在西元前 3000 年 (BC)，埃及孟非思壁畫之中，長老罹患小兒麻痺症

1-2 病毒的生物學性狀（一）

（一）病毒的大小與形態

1. 病毒的結構相當完整、成熟的病毒顆粒稱為病毒體（virion），具有傳染性，是細胞外的結構形式。
2. 病毒的大小指的是病毒體的大小，以奈米（nanometer, nm, 1nm ＝ 1/1000 μm）作為測量的單位。各種病毒體的大小差別懸殊，較大的病毒（例如痘類病毒）直徑大約為 200 ～ 300nm；中等大小的病毒（例如流感病毒）直徑大約為 100nm；小的病毒（例如脊髓灰質炎病毒）直徑僅有 20 ～ 30nm 左右。因此，大多數病毒必須透過電子顯微鏡來放大幾千倍，甚至放大幾萬倍才能加以觀察。
3. 病毒體的形態因種而異。常見的有五種形態：球狀（Sphericity）、絲狀（Filament）、子彈狀（Bullet-shape）、磚塊狀（Brick-shape）、蝌蚪狀（Tadpole-shape）。
4. 動物病毒大多會呈現為球狀或近似球狀，少數呈現為磚塊狀、子彈狀或絲狀等；植物病毒大多呈現為桿狀；細菌病毒（噬菌體）大多會呈現為蝌蚪狀。

（二）病毒的結構、化學組成與功能

1. 病毒主要由核酸和蛋白質所組成，後者大約占病毒體總重量的 70%。
2. 核酸構成病毒的核心（core），蛋白質包裹在核酸之外，稱為衣殼（capsid）。
3. 病毒體的基本結構即由核心和衣殼所構成，也稱為核衣殼（nucleocapsid），此類病毒稱為裸露病毒。
4. 有些動物病毒的核衣殼外含有包膜和包膜子粒（peplomere）或刺突（spike），該類病毒稱為包膜病毒。
5. 核心：核心位於病毒體的中央，其主要的化學成分是構成病毒基因組的核酸，即 DNA 或 RNA，此外尚含有一些酶蛋白，例如聚合酶、逆轉錄酶等。根據核酸類型可以將病毒分為兩大類：即 DNA 病毒和 RNA 病毒。
6. 病毒核酸具有多樣性，可以為環狀、線狀、雙鏈（double-stranded, ds）、單鏈（single-stranded, ss）、分節段等多種形式。在動物病毒中，DNA 病毒以 dsDNA 較為多見，而 RNA 病毒以 ssRNA 較為多見。病毒核酸攜帶有病毒的全部遺傳資訊，是決定病毒複製、遺傳和變異的物質基礎。
7. 有些病毒的核酸單獨具有感染性，稱為感染性核酸。由於這種核酸並不會受到衣殼蛋白和宿主細胞表面受體的限制，致使其感染範圍較病毒體更為廣泛；同樣由於沒有衣殼的保護，此種核酸容易受到被核酸酶降解，其感染性比病毒體低。

病毒的大小與形態

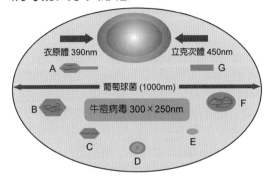

A. 大腸桿菌噬菌體 (65×95nm)
B. 腺病毒 (70nm)
C. 脊髓灰質炎病毒 (30 nm)
D. 乙腦病毒 (40nm)
E. 蛋白分子 (10nm)
F. 流感病毒 (100nm)
G. 煙草花葉病毒

病毒的大小與形態

病毒體	為一個完整成熟的病毒顆粒，具有典型的形態結構，並有感染性。
病毒體的大小	1. 病毒大小的測量單位為奈米（nm，為 1/1000mm）。2. 小於 50 nm 為小型病毒。3.50 nm -150 nm 為中等大小的病毒（大多數）。4. 大於 150nm 為大型病毒（最大的痘病毒為 300 nm）奈米 (nm)。
病毒的形態	多數的病毒呈現球狀或近似球狀、少數呈現絲狀、子彈狀、磚塊狀，植物病毒大多為桿狀，噬菌體會呈現蝌蚪狀。
病毒的觀察及測量	1. 在光學顯微鏡下勉強可以看見；最小的微小 RNA 病毒僅為 20nm；多數的病毒在 100nm 左右。2. 過濾。3. 超速離心。4. 以 X 光來照射。

病毒體的結構與化學組成

核心	1. 化學成分：核酸（DNA 或 RNA）加上少量的功能性蛋白。 2. 核酸的功能：構成病毒的基因組 (genome)，攜帶病毒的全部遺傳資訊，決定病毒感染、增殖、遺傳、複製和變異。 3. 裸露核酸（感染性核酸）：感染性比病毒體弱，因為易於受到核酸酶的破壞；感染範圍比病毒體廣泛，因為不受到受體的限制。 4. 位於病毒體的中央。 5. 呈現多樣性：線型 / 環型，ds / ss，陽性反應 / 陰性反應 + / -。
衣殼	1.核酸外面的蛋白質外殼，由殼粒所組成。2.三種排列為複合對稱型、20面體對稱型、螺旋對稱型。3.具有保護、介導、抗原性的功能。
包膜	1. 包膜是病毒複製成熟之後，出芽釋放時，穿過宿主細胞膜或核膜時所獲得的。包膜蛋白質由病毒的基因編碼所產生，包膜蛋白形成的突起：刺突或包膜子粒。 2. 病毒衣殼和包膜的功能 (1) 維持病毒結構的完整並保護病毒核酸。(2) 參與病毒的感染過程（吸附、穿入）。(3) 衣殼蛋白和包膜蛋白具有免疫原性。(4) 包膜脂蛋白具有內毒素狀的毒性作用。具有保護、介導、抗原性的功能。

病毒體結構模式圖

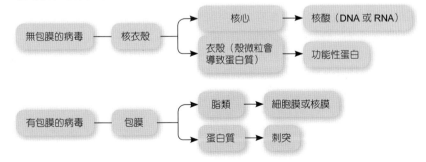

1-3 病毒的生物學性狀（二）

8. 衣殼：包裹在病毒核心外面的蛋白質層稱為衣殼。構成衣殼的基本單位是殼粒（capsomere），又稱為形態子單位（morphologic subunit）。每一個殼粒均由一條或幾條多肽所組成，這些多肽又稱為化學子單位（chemical subunit）或結構子單位（structural subumt）。根據殼粒的數目和排列方式可以構成三種不同的對稱類型。

  (1) 螺旋對稱型（helical symmetry）：殼粒沿著螺旋形盤旋的病毒核酸鏈呈現螺旋對稱排列，例如流感病毒和狂犬病病毒。

  (2) 20 面體對稱或立體對稱型（icosahedral symmetry）：病毒核酸濃集形成球狀或近似於球狀結構，殼粒圍繞在外，排列成一個由 12 個頂點、30 個棱、20 個面所構成的立體結構，即 20 面體立體對稱型。每一個面均為等邊三角形，由許多殼粒鑲嵌組成，例如腺病毒和脊髓灰質炎病毒。

  (3) 複合對稱型（complex symmetry）：殼粒排列同時具有螺旋對稱方式和 20 面體立體對稱方式，稱為複合對稱型，例如痘病毒與噬菌體。衣殼蛋白是構成病毒體的主要抗原成分，其功能包括：

    ① 維持病毒體外形的功能。

    ② 保護的功能：保護核酸避免遭到外在環境（例如血流）中核酸酶的降解。

    ③ 介導感染功能：病毒表面的衣殼蛋白與易感細胞表面的相應受體能發生特異性結合，介導病毒感染宿主細胞。

    ④ 決定抗原性：衣殼蛋白具有良好的抗原性，可以刺激身體產生特異性的免疫回應。

9. 包膜（envelope）：包膜為衣殼外包裹著的一層脂質雙層膜狀結構。是包膜病毒在宿主細胞內成熟之後，透過宿主細胞膜或核膜以出芽的方式釋放過程中形成的，除了含有宿主細胞膜或核膜的脂質和多糖成分之外，還含有病毒基因編碼的特異性蛋白。這些特異性蛋白在病毒包膜表面呈現釘狀突起，稱為刺突或包膜子粒。例如流感病毒包膜表面具有兩種類型的刺突，分別稱為血凝素和神經氨酸酶，決定流感病毒的某些生物學特性。包膜含有脂質成分，可藉助於包膜病毒對脂溶劑敏感的特性與無包膜病毒加以鑑別。病毒包膜的主要功能包括：

  (1) 決定病毒的感染途徑：包膜對酸和脂溶劑等敏感，故包膜病毒不能經由消化道感染，但可以經由呼吸道等途徑感染。

  (2) 介導病毒的感染：包膜的糖蛋白成分能與宿主細胞膜上的相應受體發生特異性結合，脂類成分易於與宿主細胞膜融合而介導感染，具有致病性。

  (3) 具有抗原性：包膜糖蛋白同樣具有良好的抗原性，會刺激身體產生特異性的免疫回應，該抗原物質還具有種、型特異性，故也是病毒鑑定和分類的依據之一。

螺旋對稱型

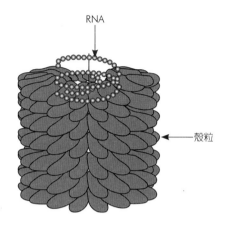

20 面體立體對稱型

病毒的結構

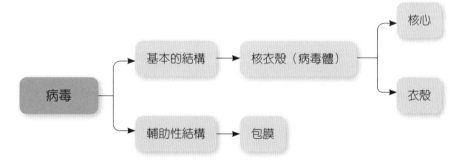

+ 知識補充站

病毒衣殼

　　病毒衣殼包繞在核酸外面的蛋白質外殼；衣殼由殼粒（capsomere）組成為形態的子單位，殼粒由多肽分子組成為結構的子單位；根據殼粒排列方式不同，病毒有三種對稱型：螺旋對稱、20 面體立體對稱、複合對稱。

1-4 病毒的增殖（一）

（一）病毒的增殖方式

病毒的結構相當簡單，缺乏增殖所需要的酶系統，只能寄生在活的易感細胞之內，利用宿主細胞的生物合成原料、能量及場所，以病毒基因組為範本，複製子代病毒的基因組，然後經過轉錄、轉譯等過程，合成大量的子代病毒結構蛋白，最後組裝釋放出子代病毒。這種以病毒核酸分子為範本來做複製的方式稱為自我複製（replication）。

（二）病毒的複製週期

從病毒進入宿主細胞開始，經過基因組複製，最後釋放出子代病毒的過程稱為複製週期（Replication cycle）。人和動物病毒的複製週期依次包括吸附（adsorption）、穿入（penetration）、脫殼（uncoating）、生物合成（biosynthesis）及組裝、成熟和釋放（assembly and release）五個步驟。

1. 吸附：病毒吸附在易感細胞的表面是病毒感染的第一步。吸附可以依次分為兩個階段：
   (1) 非特異性吸附：由於偶然碰撞或靜電作用病毒與細胞發生結合，該過程是可逆的，Na^+、Mg^{2+}、Ca^{2+}等陽離子具有促進病毒體吸附的功能。
   (2) 特異性吸附：病毒表面結構成分與宿主細胞表面的相應受體產生的結合，具有高度特異性，該過程是不可逆的。包膜病毒透過包膜上的糖蛋白與宿主細胞表面的受體結合，無包膜病毒透過衣殼蛋白與宿主細胞表面的受體結合。
   整個吸附過程可以在幾分鐘到幾十分鐘之內完成。

2. 穿入：病毒體穿過細胞膜進入細胞內的過程，稱為穿入。病毒體主要透過融合或吞飲的方式穿入細胞。
   (1) 融合：是指病毒包膜與易感細胞膜密切接觸並融合，而將病毒的核衣殼釋放至細胞質內。被這些病毒感染的細胞還能與周圍正常的易感細胞融合，形成多核巨細胞。
   (2) 吞飲：病毒與易感細胞結合後，在其附著處的細胞膜內陷，形成類似吞噬泡，繼而病毒原封不動的進入宿主細胞質內。有包膜病毒，例如流感病毒、皰疹病毒等主要以融合的方式穿入宿主細胞，而無包膜病毒穿入細胞的方式除了吞飲之外，還可透過直接進入的方式，例如脊髓灰質炎病毒、噬菌體等這些無包膜病毒與相應受體接觸之後，蛋白衣殼仍留在胞膜之外，而病毒核酸直接穿越細胞膜，注入到細胞質中。

小博士解說

1. 吸附與穿入
   (1) 由接觸到結合，再到特異性吸附：病毒配體位元點與細胞膜特異受體結合。
   (2) 穿入：融合（有包膜病毒）、胞飲（無包膜病毒）。
2. 釋放
   (1) 裂解（Disintegration）：脊髓灰質炎病毒。
   (2) 出芽（Budding）：皰疹病毒。

病毒的複製週期

吸附 → 穿入 → 脫殼 → 生物合成 → 組裝成熟 → 釋放

病毒的增殖

病毒的複製週期	1. 病毒缺乏代謝酶系統，必須在易感活細胞內，由宿主細胞提供酶系統、能量、原料和合成的場所，以複製的方式來做增殖
	2. 複製的週期：複製的週期為吸附→穿入→脫殼→生物合成→組裝與釋放
	(1) 吸附：是病毒穿入易感細胞的基礎，具有特異性，嗜組織的特性
	(2) 穿入：透過胞飲、轉位、融合三種方式進入細胞
	(3) 脫殼：透過脫殼酶功能脫去蛋白衣殼
	(4) 生物合成：病毒基因組利用宿主細胞提供的低分子物質合成代病毒核酸和結構蛋白的過程，此階段宿主細胞內找不到完整病毒顆粒：「隱蔽期」的關鍵產物是 mRNA，不同核酸類型的病毒，生物合成方式不同
	(5) 組裝成熟與釋放：並無膜病毒破胞釋放，有膜病毒芽生釋放
病毒的異常增殖	1. 頓挫感染：宿主細胞（非容納細胞）不提供酶、原料、能量，不能複製出感染性的病毒顆粒
	2. 缺陷病毒：由於病毒基因不完整或基因位點改變，不能複製出完整有感染性的病毒顆粒。缺陷病毒加上輔助病毒會導致複製出完整有感染性的病毒
病毒的增殖	為活細胞與敏感的細胞
複製 (replication)	病毒的複製週期以病毒基因為範本，藉著 DNA 多聚酶或 RNA 多聚酶等，使細胞停止自身蛋白質和核酸的合成，轉為複製病毒的基因組，轉錄、轉譯出相應的病毒蛋白，最終釋放出子代病毒

吸附

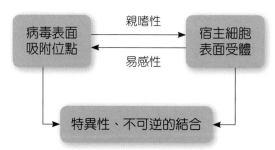

病毒表面吸附位點 —親嗜性→ 宿主細胞表面受體
宿主細胞表面受體 —易感性→ 病毒表面吸附位點

特異性、不可逆的結合

＋ 知識補充站

病毒增殖的細胞效應

1. 細胞損傷、裂解及細胞融合。
2. 干擾現象 (interference)：當兩種病毒同時感染同一細胞時，會發生一種病毒的增殖而抑制了另一種病毒增殖的現象。

1-5 病毒的增殖（二）

3. 脫殼：核酸從衣殼中釋放出來的過程稱爲脫殼。病毒可以在宿主細胞溶酶體酶的運
作下，脫去衣殼，釋放出病毒核酸，多數的病毒以此種方式來脫殼；少數的病毒，
例如痘類病毒，可以在宿主細胞溶酶體酶的運作下，脫去部分的衣殼，而後病毒脫
殼酶基因經過轉錄、轉譯產生脫殼酶，導致衣殼完全脫去，病毒核酸徹底釋放出來。

4. 生物的合成：病毒基因組一旦釋放，就進入病毒的生物合成時期，即病毒利用宿主
細胞的場所、低分子物質、能量等大量合成病毒核酸和結構蛋白。不同病毒的生物
合成方式也不相同，按照核酸的類型分爲：雙鏈 DNA 病毒、單鏈 DNA 病毒、正
單鏈 RNA 病毒、負單鏈 RNA 病毒、雙鏈 RNA 病毒和逆轉錄病毒等六大類型。

(1) 雙鏈 DNA 病毒：人和動物 DNA 病毒多數爲雙鏈 DNA（dsDNA）病毒，它們都
在細胞核內合成病毒 DNA（痘病毒除外），在細胞質內合成病毒蛋白。生物合
成的過程分三個階段：

①早期轉錄和轉譯：宿主細胞核內，在宿主細胞依賴 DNA 的 RNA 多聚酶的
運作下，病毒 dsDNA 轉錄出早期 mRNA，後者在宿主細胞質中的核糖體上
轉譯出早期蛋白質。早期蛋白質主要是複製病毒 DNA 所需的酶，例如依賴
DNA 的 DNA 多聚酶，去氧胸腺嘧啶激酶等。

② dsDNA 複製：dsDNA 以半保留複製的形式來進行 DNA 的複製，即在解鏈酶
的運作下，親代 dsDNA 解鏈爲正、負兩個單鏈，然後分別以這兩條單鏈爲
範本，在依賴 DNA 的 DNA 多聚酶的運作下，合成互補的 DNA 鏈，最後形
成大量子代 dsDNA。

③晚期轉錄和轉譯：以子代 DNA 分子爲範本，經由轉錄合成晚期 mRNA，後者
在宿主細胞質核糖體上轉譯出晚期蛋白。晚期蛋白主要爲結構蛋白，即衣殼
蛋白。

(2) 單正鏈 RNA 病毒：人和動物 RNA 病毒多數爲 ssRNA 病毒，包括單正鏈 RNA
病毒（+ssRNA）、單負鏈 RNA 病毒（-ssRNA 病毒），它們大多在細胞質內做
生物合成。單正鏈 RNA 病毒不含有 RNA 聚合酶，但是其單正鏈 RNA 就具有
mRNA 的功能，直接附著在宿主細胞的核糖體上轉譯蛋白質，並迅速被蛋白水
解酶降解爲結構蛋白（衣殼蛋白）和非結構蛋白（例如依賴 RNA 的 RNA 聚合
酶等），在依賴 RNA 的 RNA 聚合酶的作用下，以親代正鏈 RNA 爲範本，複
製出互補的負鏈 RNA，並且相互結合形成雙鏈 RNA（dsRNA），稱爲複製中
間型。然後複製中間型解鏈，以互補的負鏈 RNA 爲範本，複製出子代病毒核酸
（+ssRNA）。常見的單正鏈 RNA 有脊髓灰質炎病毒、A 肝病毒等。

雙鏈 DNA 病毒生物的合成

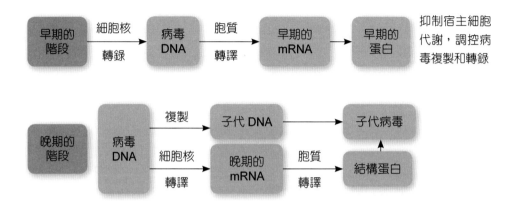

病毒之間干擾的機制可能與下列因素有關

誘導宿主細胞產生干擾素	抑制被干擾病毒的生物合成
競爭干擾	一種病毒破壞受體,因而阻止另一種病毒的吸附或穿入,或兩種病毒競爭同一個作用底物
改變宿主細胞的代謝途徑	1. 一種感染改變宿主細胞代謝,從而阻止第二種病毒的 mRNA 的轉譯 2. 消耗了宿主細胞的生物合成原料、酶等,抑制被感染病毒的生物合成

脫殼

不同病毒的脫殼方式不同	多數的病毒在宿主細胞溶酶體酶的運作下脫殼,少數的病毒脫殼過程比較複雜
痘病毒	在溶酶體酶的運作下,先部分脫殼,暴露部分核酸,轉譯病毒脫殼酶之後,再完全脫殼

+ 知識補充站

生物的合成

1. 在宿主細胞內進行的,在病毒基因控制下的病毒核酸和蛋白質的合成過程。
2. 先合成一些複製酶、抑制蛋白,抑制宿主細胞的正常代謝,使細胞代謝向著有利於病毒合成的方向進行,再依據病毒基因組的指令,做病毒核酸的複製、轉錄和轉譯。
3. 生物合成早期,稱為「隱蔽期」(eclipse phase)。
4. 類型:為 ds DNA、ss DNA、ds RNA、(+) ss RNA、(-)ss RNA、逆轉錄病毒。

1-6　病毒的增殖（三）

(3) 單負鏈 RNA 病毒：單負鏈 RNA 病毒的核心含有依賴 RNA 的 RNA 多聚酶，在該酶的運作下，以親代病毒單負鏈 RNA 為範本，複製出互補的單正鏈 RNA，形成複製中間型，複製中間型解鏈之後，互補的單正鏈 RNA 發揮 mRNA 的功能，轉譯出病毒結構蛋白和酶，同時以互補的單正鏈 RNA 為範本，複製出大量的子代單正鏈 RNA。大多數有包膜的 RNA 病毒都屬於單負鏈 RNA 病毒，如麻疹病毒、腮腺炎病毒等。

(4) 逆轉錄病毒（retrovirus）：逆轉錄病毒又稱為 RNA 腫瘤病毒，屬於單正鏈 RNA 病毒，其主要特徵是含有逆轉錄酶，即依賴 RNA 的 DNA 多聚酶。逆轉錄病毒以病毒親代單正鏈 RNA 為範本，在逆轉錄酶的運作下，轉錄出互補的負鏈 DNA（cDNA），形成 RNA：DNA 雜交中間體，在 RNA 酶 H 的運作下，中間體的 RNA 被水解，繼而在 DNA 聚合酶的運作下，再以負鏈 DNA 為範本，複製出正鏈 DNA，形成雙鏈 DNA，此時稱為前病毒，然後整合到宿主細胞的 DNA 中。再以前病毒 DNA 為範本，轉錄出子代病毒的 RNA 和 mRNA，然後轉譯出病毒蛋白質。常見的逆轉錄病毒有人類免疫缺陷病毒（human immuno-deficiency virus, HIV）等。

5. 組裝、成熟和釋放：生物合成時期形成的子代病毒核酸和衣殼蛋白，在宿主細胞內裝配成子代病毒核衣殼的過程稱為組裝（assembly）。DNA 病毒（痘病毒除外）的核衣殼在核內組裝，RNA 病毒大多在胞質內組裝。裸露病毒一經組裝即成熟（maturation），而包膜病毒組裝之後需要在核衣殼上包上一層包膜才能成熟。病毒組裝後主要透過兩種方式來釋放（release）：

(1) 宿主細胞破壞方式：一般是一次性地釋放出所有的子代病毒，結果導致宿主細胞裂解。通常裸露病毒以此方式釋放，例如腺病毒、脊髓灰質炎病毒等。

(2) 出芽方式：子代病毒體不斷通過細胞膜，逐個或分批釋放到胞外，同時獲得包膜，而宿主仍能進行正常的新陳代謝。有包膜病毒常以此方式釋放，例如皰疹病毒、流感病毒等。

(3) 其他的方式：有些病毒通過融合，在細胞之間傳播；有些病毒基因組與宿主細胞染色體整合，隨著宿主細胞分裂而傳代。

單正、負鏈 **RNA** 病毒生物的合成

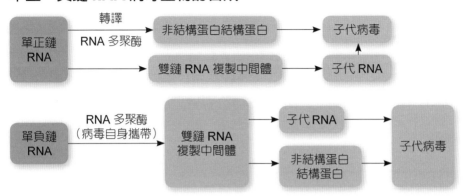

逆轉錄病毒生物的合成

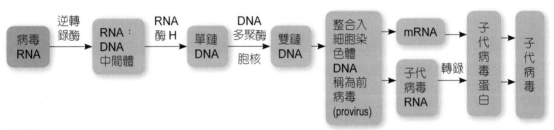

組裝

病毒核酸與病毒蛋白作用	會產生核衣殼
組裝的部位不同	1. DNA 病毒（除了痘病毒之外）：在核內組裝 2. RNA 病毒：多數在胞漿內組裝

釋放

出芽釋放	細胞膜會被修復，不會直接破壞宿主細胞，大多見於包膜病毒
溶細胞性釋放（細胞崩解）	宿主細胞損傷、崩解，釋放出大量的子代病毒，大多見於裸露的病毒

✚ 知識補充站

組裝與釋放

1. 組裝的部位：細胞核內、細胞質內、核膜及細胞膜上。大多數 DNA 病毒的 DNA 在細胞核複製，蛋白質在細胞質中合成。合成好的病毒蛋白質再運到細胞核內裝配。大多數 RNA 病毒核酸的複製與蛋白質的合成及其裝配，均發生在細胞質中。
2. 釋放：包膜病毒以出芽的方式釋放，在釋放時可以包有核膜或細胞膜而為成熟病毒體。無包膜病毒在細胞破裂時，做一次性的釋放。

1-7　病毒的增殖（四）

（三）病毒的增殖

　　病毒缺乏完整的酶系統和細胞器，不能獨立地做代謝，必須寄生在活的易感細胞之內來做增殖。以病毒基因爲範本，藉著 DNA 多聚酶或 RNA 多聚酶的運作，指令宿主細胞停止合成自身的蛋白質與核酸，轉爲複製病毒的基因組，會轉錄、轉譯出相應的病毒蛋白，最終釋放出子代病毒，再加以複製。

　　病毒的複製有以下三個過程：

1. 吸附
   (1) 靜電結合：非特異，可逆的。
   (2) 受體結合：特異，不可逆。各種病毒的受體不同，因此，不同病毒只能感染特異細胞。同一種病毒會有不止 1 種細胞受體。愛滋病病毒的吸附過程爲動物細胞並不會感染愛滋病病毒。令科學家迷惑不解的是，在美國有些吸毒或同性戀者，常與愛滋病患者接觸卻沒有受到感染。在 1996 年，相關的研究發現，那些倖免於難的極少數人，得益於自身體內 CCR5 基因缺失了 32 個鹼基，獲得了天然的抵抗愛滋病病毒的屏障，並不會感染愛滋病。此一發現是愛滋病研究發展史的一個重要里程碑。CCR5 △ 32 基因突變並不會對人體產生明顯的影響，如果能夠人爲地剔除這段鹼基，豈不可使人類拒愛滋病於千里之外？當時，科學家已經鑒定出在美國白人和歐洲後裔中，CCR5 △ 32 等位基因突變率大約爲 10%，在歐洲、中東和印度爲 2 ～ 5%。絕大多數的漢人比歐美人更易於感染愛滋病。

2. 穿入：包膜病毒透過包膜與宿主細胞膜融合之後進入細胞；無包膜病毒透過細胞膜，以胞飲的方式將該衣殼吞入；噬菌體直接注入尾絲、尾刺吸附，產生溶菌酶，細胞壁溶一個小孔，尾鞘收縮注入噬菌體核酸。

3. 脫殼：病毒必須脫衣殼，其核酸方可以在宿主細胞中發揮功能。多數病毒在細胞本身溶酶體酶的作用下脫殼，釋放出核酸。

4. 生物合成：病毒藉助於宿主細胞所提供的原料、能量和場所合成核酸與蛋白質，期間所需要的多數酶也來自宿主細胞。在病毒進入宿主細胞後生物合成階段，胞漿中並無病毒顆粒，稱爲隱蔽期（eclipse）。

5. 裝配：病毒的結構成分核酸與蛋白質分別合成之後，在細胞核內或細胞質內組裝成核衣殼。絕大多數 DNA 病毒在細胞核內組裝，RNA 病毒與痘病毒類則在細胞質內組裝。無包膜病毒組裝成核衣殼即爲成熟的病毒體，病毒的早期蛋白，即非病毒結構成分不組裝入病毒，殘留在感染細胞中。

6. 釋放：絕大多數無包膜病毒釋放時被感染的細胞崩解，釋放出病毒顆粒，宿主細胞膜被破壞，細胞迅即死亡。絕大多數有包膜病毒通過細胞內的內質網、空泡，或包上細胞核膜或細胞膜以出芽方式釋放而成爲成熟病毒，在一段時間內逐個釋出，對細胞膜破壞輕，宿主細胞的死亡較慢。從單個病毒吸附開始至所有病毒釋放，此過程稱爲感染週期或複製週期。一個感染細胞一般釋放的病毒數爲 100-1000。

生物的合成

早期	病毒不帶有酶系統，在細胞內做轉錄、轉譯需要先合成非結構蛋白質，即必需的複製酶和抑制蛋白（封閉宿主細胞代謝，有利於病毒生物的合成）
晚期	1. 根據病毒基因組指令，複製核酸，合成結構蛋白和非結構蛋白質 2. 在此一階段並無完整的病毒顆粒，也不能用血清學檢測出病毒的抗原，稱為隱蔽期 3. 病毒基因組類型很多，不同類型的病毒有不同的複製方式，共有 6 種，即 dsDNA，ssDNA，（+）ssRNA，（-）ssRNA，逆轉錄病毒和 dsRNA
雙鏈 DNA 病毒	在細胞核內合成 DNA，以雙鏈（±）DNA 中的 -DNA 為範本合成 mRNA，在細胞質內轉譯成蛋白質。人和動物的 DNA 病毒，例如皰疹病毒、腺病毒的基因組大多為雙鏈 DNA
單鏈 +DNA 病毒	1. 先由 +DNA 合成雙鏈（±）DNA，然後以新合成的 -DNA 為範本合成 mRNA 2. 例如某些噬菌體
雙鏈 RNA 病毒	1. 利用 ±RNA 中的 -RNA 鏈為範本，合成 mRNA 2. 例如呼腸孤病毒
單鏈 -RNA 病毒	1. 以 -RNA 鏈直接作為範本先合成 +RNA。再以 +RNA 為為範本合成 -RNA。以 -RNA 鏈直接作為範本合成 mRNA 2. 例如麻疹病毒、新城疫病毒
單鏈 +RNA 病毒	1. 直接以 +RNA 作為 mRNA 來做轉譯，合成 RNA 聚合酶，然後在新合成的 RNA 聚合酶的運作下，由 +RNA 複製成 -RNA，進而再以新合成的 -RNA 為範本合成 mRNA 2. 例如脊髓灰質炎病毒
逆轉錄病毒	1. 在逆轉錄酶的運作下，以 +RNA 作為範本，合成 -DNA，再以 -DNA 為範本合成雙鏈（±）DNA 2. 可以作為範本，合成 mRNA，還會與宿主細胞的 DNA 結合而成為細胞 DNA 的一部分，成為前病毒。在整合之後，可能會使細胞特性發生改變，而誘發腫瘤

1-8 抗病毒的治療策略

由於病毒必須進入宿主細胞內複製方顯示其生命的活性，因此，可以從病毒細胞的吸附、穿入、脫殼、病毒核酸複製、裝配與釋放等不同的部位，設計不同的抗病毒藥物或製劑。

（一）化學合成藥物

1. 金剛烷胺（amantadine）：可以抑制 A 型流感病毒脫衣殼。
2. 無環鳥苷（acyclovir，阿昔洛韋）：與 dGTP 競爭皰疹病毒的 DNA 酶以阻斷病毒 DNA 鏈的複製與延長。而在正常細胞中並無無環鳥苷，並無作用。
3. Indinavir-ritonavir：病毒蛋白酶抑制劑，針對逆轉錄酶及蛋白酶活性位點來做抑制。
4. 齊多夫錠（疊氮胸苷，zidovudine）：世界上第一個獲准生產的抗愛滋病藥品，對病毒逆轉錄酶的抑制比對細胞 DNA 多聚酶的抑制強 100 倍。
5. 拉米夫錠（Lamivudine）：抑制 HBV 逆轉錄酶及 / 或競爭性地抑制 HBV DNA 聚合酶，並摻入到新合成的 HBV DNA 中，使 DNA 鏈的延長終止，從而抑制病毒 DNA 的複製。但是對 HBV 的 RNA、共價閉合環狀 DNA（cccDNA）及超螺旋結構的病毒 DNA 等並無任何功能。

（二）反義核酸

根據病毒基因組設計的部分能夠特異地與其互補的寡核苷酸。與 DNA 病毒的關鍵基因結合之後，可以阻抑病毒 DNA 的複製與 RNA 的轉錄。與 RNA 病毒標靶基因的 mRNA 互補結合之後，阻礙病毒 mRNA 與核糖體結合而阻抑轉譯病毒蛋白。

小博士解說

慢性 B 型肝炎抗病毒治療的最佳策略：對於初治的患者，尤其是青少年慢性 B 型肝炎患者，抗病毒治療首選干擾素。處於婚育年齡的患者，可以選用生殖安全性較高的核苷（酸）類似物抗病毒，例如替比夫錠。對於初治的患者不推薦干擾素合併核苷（酸）類似物，因為二者的合併在療效和降低耐藥率方面並不優於干擾素單藥治療，相反地，合併治療之後的不良反應，例如，周圍神經病變的發生率會明顯地增加。慢性 B 型肝炎患者可以根據自身情況，選擇適合自己的最佳抗病毒治療策略，從而獲得滿意的療效。

病毒的培養

人工培養病毒必須選擇易於感染的生命體或合適的活細胞。

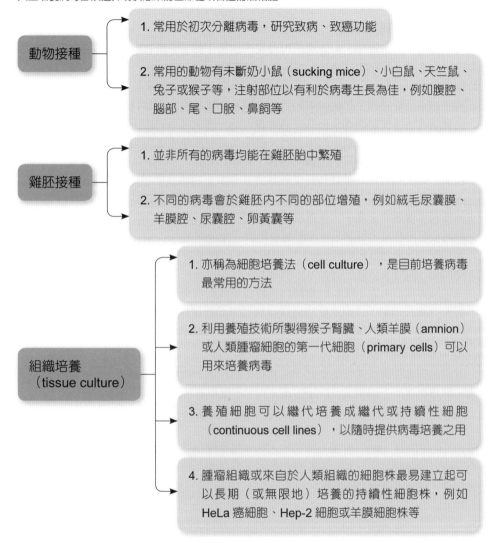

動物接種
1. 常用於初次分離病毒，研究致病、致癌功能
2. 常用的動物有未斷奶小鼠（sucking mice）、小白鼠、天竺鼠、兔子或猴子等，注射部位以有利於病毒生長為佳，例如腹腔、腦部、尾、口服、鼻飼等

雞胚接種
1. 並非所有的病毒均能在雞胚胎中繁殖
2. 不同的病毒會於雞胚內不同的部位增殖，例如絨毛尿囊膜、羊膜腔、尿囊腔、卵黃囊等

組織培養（tissue culture）
1. 亦稱為細胞培養法（cell culture），是目前培養病毒最常用的方法
2. 利用養殖技術所製得猴子腎臟、人類羊膜（amnion）或人類腫瘤細胞的第一代細胞（primary cells）可以用來培養病毒
3. 養殖細胞可以繼代培養成繼代或持續性細胞（continuous cell lines），以隨時提供病毒培養之用
4. 腫瘤組織或來自於人類組織的細胞株最易建立起可以長期（或無限地）培養的持續性細胞株，例如 HeLa 癌細胞、Hep-2 細胞或羊膜細胞株等

＋ 知識補充站

干擾素

1. 是動物細胞或養殖細胞受病毒感染或接受其他誘導物刺激時，所產生的一種病毒抑制物，具有廣譜抗病毒的功能，能夠有效地抑制多種病毒的複製。
2. 干擾素由受到病毒感染的細胞產生，只能保護未受病毒感染的細胞。
3. 具有種的特異性，即人類細胞產生的干擾素只會保護人類的細胞不受到病毒的感染，但是對動物細胞則無效。

1-9 病毒的異常增殖與干擾現象

（一）病毒的異常增殖

在病毒增殖的過程中，可能會出現異常的結果，即並非所有的病毒成分都能組裝成完整的病毒體，此種情況稱為病毒的異常增殖。

1. **缺陷病毒（defective virus）**：由於病毒基因組的不完整或某一個基因位點改變，導致病毒不能在宿主細胞內做正常的增殖，不能複製出完整有感染性的病毒顆粒，此種病毒稱為缺陷病毒。但若缺陷病毒與另一種病毒共同培養時，而此種病毒又能提供缺陷病毒增殖所缺乏的物質時，缺陷病毒就能產生完整的子代病毒體，這種輔助缺陷病毒增殖的病毒稱為輔助病毒（helper virus），例如 D 型肝炎病毒不能獨立增殖，為缺陷病毒，而 D 型肝炎病毒與 B 型肝炎病毒共同感染細胞時，D 型肝炎病毒即能增殖，故 B 型肝炎病毒是 D 型肝炎病毒的輔助性病毒。缺陷病毒具有干擾同種病毒增殖的功能，又稱為缺陷干擾顆粒（defective interfering particles, DIP），故活疫苗中含有大量缺陷干擾顆粒會影響其免疫效果。

2. **頓挫感染（abortive infection）**：由於宿主細胞不能為病毒增殖提供必要的條件，例如酶、能量及必要的成分，則病毒不能合成自身成分，或者病毒雖能合成部分或全部病毒成分，但不能組裝和釋放具有感染性的病毒顆粒。此種感染過程稱為頓挫感染或流產感染，這種不能為病毒複製提供必要條件的細胞稱為非容納細胞（non-permissive cell），反之，則稱為容納細胞（permissive cell）。

（二）病毒的干擾現象

當兩種病毒同時或先後感染同一細胞時，出現的一種病毒抑制另一種病毒增殖的現象，稱為病毒的干擾現象（interference）。干擾現象可以發生於同種病毒的不同型、不同株及同株病毒之間（自身干擾）；也可以發生在活病毒間，或發生在死活病毒之間。干擾現象能使感染終止，宿主恢復健康，其產生可能與病毒誘導宿主細胞產生干擾素（interferon, IFN）有關，即宿主細胞干擾素編碼基因在病毒感染後被啟動，表達的干擾素發揮抑制另一種病毒複製的功能。為了避免因為干擾現象出現而影響疫苗接種效果，應注意要適量地使用。

小博士解說
病毒的干擾現象：兩種病毒同時或先後感染同一個細胞或身體時，會發生一種病毒抑制另一種病毒增殖的現象。

病毒的異常增殖

缺陷病毒	1. 基因組不完整的病毒體 2. 病毒基因組不完整或因為某一個基因位點的改變，不能複製出完整的有感染性的病毒顆粒，稱為缺陷病毒
頓挫感染	1. 由稱為流產性感染細胞條件不合適，病毒進入細胞但不能複製。分為容許性細胞：能夠支援病毒完成正常增殖的細胞與非容許性細胞 2. 在病毒增殖的過程中，雖然可以合成部分或全部病毒成分，但是不能正常地組裝成完整的病毒體，即不能產生有感染性的子代病毒
缺陷干擾顆粒	1. 缺陷病毒不能複製，但是卻能干擾同種成熟病毒體進入細胞 2. 天然缺陷病毒：腺病毒伴隨病毒是指缺陷病毒與其完整病毒（非缺損病毒）同時感染同一細胞時，能夠干擾完整病毒的增殖，發揮干擾作用的缺陷病毒為缺陷干擾顆粒；其具有兩面性：一則干擾野毒株複製，二則在野毒株完整基因的輔助下可以增殖出完整的病毒

病毒的干擾現象

干擾的概念	兩種病毒同時或先後感染同一宿主細胞或身體時，會發生一種病毒抑制另一種病毒增殖的現象
干擾的類型	分為異種干擾、同種干擾、同種異型干擾、自身、滅活病毒干擾活病毒等
干擾的機制	1. 病毒誘導宿主細胞產生的干擾素，抑制了被干擾病毒的生物合成 2. 感染細胞表面的受體與第一種病毒結合後被破壞，從而阻斷了第二種病毒的吸附 3. 一種病毒的感染可能改變了宿主細胞的正常代謝，從而影響了另一種病毒的增殖 4. 干擾素的作用、改變宿主細胞代謝的途徑、競爭干擾、缺陷病毒干擾同種的正常病毒
干擾現象的意義	1. 干擾現象是身體非特異性免疫的重要部分 2. 在使用疫苗時，應注意干擾的現象，以免影響免疫的效果 3. 中止感染 4. 預防感染 5. 鑑定病毒

1-10 **病毒的遺傳與變異**

病毒的遺傳物質爲 DNA 或 RNA。不同的病毒所含的基因數目不同，通常在 3 ～ 10 個之間。大多數的病毒具有明顯的遺傳穩定性，但是由於病毒結構相當簡單，又缺乏自身獨立的酶系統，因此更易於受到周圍的環境因素，尤其是宿主細胞內環境的影響而發生變異。病毒的變異可以自然發生或經由人工誘導而產生。在自然的條件下，基因組發生改變的遺傳型變異稱爲突變，而改變宿主細胞或給予理化因素（例如溫度、紫外線和氟尿嘧啶等）等人工誘導可以增加病毒的突變率。

（一）基因重組

病毒的變異包括多種因素，例如毒力變異、耐藥性變異、抗原性變異、溫度敏感性變異等。如果兩種不同但有親緣關係的病毒感染同一細胞時，病毒之間會發生基因交換，產生具有兩個親代特徵的子代病毒，並能繼續增殖，稱爲基因重組（recombination），其子代稱爲重組體（recombinant）。基因重組會發生於兩種有活性（有感染性）病毒之間，亦會發生在兩種失活病毒之間，即兩個或兩個以上的同種失活病毒感染同一細胞，會產生感染性病毒，此種現象稱爲多重復活（multiplicity reactivation）。這些失活病毒可能是在不同的基因上受到損傷，經過基因重組而復活；也可以發生在一種有活性病毒與另一株有關聯而基因型有區別的失活病毒之間，運用此種重組會發生交叉復活（crossing reactivation）。

（二）基因整合

病毒除了在病毒間發生基因重組之外，某些病毒還可能與宿主細胞的基因組之間發生基因重組。現在已經證實，許多的 DNA 病毒（例如皰疹病毒、腺病毒和多瘤病毒）的 DNA 都能整合到細胞基因組中去。

（三）基因產物的互動

當兩種病毒感染同一個細胞時，除了會發生基因重組之外，也會發生因病毒基因產物的互動而發生的表型變異，包括互補、表型混合與核殼轉移等。

1. 互補的功能：是指兩種病毒在感染同一個細胞時，其中一種病毒的基因產物（例如結構蛋白和代謝酶等）促使另一個病毒增殖。此種現象會發生於感染性病毒與缺陷病毒或失活病毒之間，甚至發生於兩種缺陷病毒之間的基因產物互補，而產生兩種感染性子代病毒。

2. 表型混合與核殼轉移：當兩株病毒共同感染同一細胞時，一種病毒複製的核酸被另一病毒所編碼的蛋白質衣殼或包膜包裹，使得細胞的嗜性等生物學特徵發生改變，稱爲表型混合（phenotypic mixing），而無包膜病毒發生的表型混合稱核殼轉移（transcapsidation）。此種改變並不是遺傳物質的交換，而是基因產物的交換，因此獲得的新性狀不穩定，經過細胞傳代之後又會恢復爲親代表型。

活病毒與失活病毒之間（交叉復活）

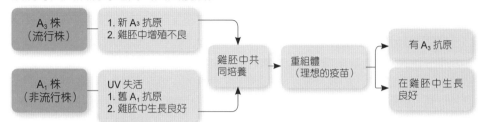

病毒基因產物的互動

| 表型混合—鑲嵌包膜或衣殼 | 核殼轉移—衣殼誤配 |

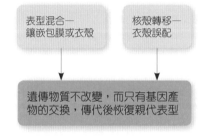

遺傳物質不改變，而只有基因產物的交換，傳代後恢復親代表型

基因組不分節段病毒的重組

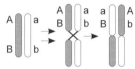

基因組分節段病毒的重配

突變株（mutant）

基本概念	因為基因改變而發生某些生物學特性的改變
溫度敏感突變株（temperature sensitive, ts）	在 28～35℃之間可以複製，在 37～40℃之間不能複製；脊髓灰質炎病毒活疫苗，A 肝病毒活疫苗
宿主範圍突變株	例如抗原性突變株等
變異株（variant）	突變株能夠穩定地存在，可以在相關的宿主或細胞中傳代與存活

表型混合（基因產物之間互動）

兩株病毒在混合感染時	由裝配過程發生錯誤所形成
主要表現為耐藥性，抗原性等改變	基因並未改變，改變的生物學性狀不能遺傳

基因整合 (gene integration)

病毒基因組（DNA 病毒與逆轉錄病毒）	與宿主細胞基因組的重組過程
整合會引起宿主細胞基因改變	→細胞遺傳性改變→細胞轉化→個別會發生細胞惡化→腫瘤

基因重組與重配

在兩種不同病毒感染同一個細胞時會發生基因交換，而形成新性狀的重組體	基因重組為不分節段基因組的病毒，基因重配（reassortment）為分節段基因組的病毒
類型	在活病毒之間，N0H0 +N1H1—N0H1，活病毒與失活病毒之間（為交叉復活），失活病毒之間（為多重復活）

病毒基因產物的互動

互補	1.一種病毒為另一種病毒提供本身不能合成，但是又是所必需的基因產物，而使其在混合感染的細胞內得以繁殖 2.輔助性病毒與缺陷病毒，活病毒與死病毒是兩個不同的缺陷病毒
加強	1.一種病毒與另一種非殺細胞病毒同時感染細胞，後者能增加前一種病毒複製產量的現象（個別） 2.例如：I 型副流感病毒為水泡性口炎病毒的加強病毒

1-11 病毒的分類

（一）病毒分類的方法

　　病毒分類的方法有許多種。可以根據病毒核酸的性質與結構（DNA 或 RNA，單鏈或雙鏈，分子量，基因的數目等）、病毒顆粒的大小和形態、衣殼對稱性和殼粒數目、有無包膜、對脂溶劑的敏感性、抗原性等加以分類。例如依據病毒的核酸類型來加以分類，重要的 DNA 病毒有痘病毒科、皰疹病毒科、乳多空病毒科、腺病毒科、嗜肝DNA 病毒科和細小病毒科等；RNA 病毒有呼腸病毒科、小 RNA 病毒科、正黏病毒科、副黏病毒科、布尼亞（本楊）病毒科、沙粒狀病毒科、冠狀病毒科、彈狀病毒科等；屬於逆轉錄病毒的逆轉錄病毒科等。也可以根據病毒生物學特性（宿主的範圍、傳播的途徑和致病性）來加以分類，例如按照病毒感染的途徑和宿主的關係及臨床特徵可以分為呼吸道感染病毒、消化道感染病毒、蟲媒病毒、性接觸傳播病毒、肝炎病毒、嗜神經病毒、腫瘤病毒等。有些病毒或因子，其本質及在病毒學中的位置尚不明確或比較特殊，此類病毒歸為子病毒（subvirus）。

　　目前，子病毒包括：

1. 類病毒（viroid）：屬於植物病毒，1971 年由 Diener 在研究馬鈴薯紡錘形塊莖病時發現並命名。類病毒僅由 250 ～ 400 個核苷酸所組成，無蛋白質衣殼或包膜，只有裸露的單鏈共價閉合環狀 RNA 分子。可能透過 RNA 分子來直接干擾宿主細胞的核酸代謝而使植物致病，與人類疾病的關係尚不十分清楚。

2. 衛星病毒（satellites）：也是一種植物病毒，是在研究類病毒過程中發現的又一種引起苜蓿、絨毛菸等植病害的致病因子。

3. 朊粒（prion）：Prusiner 於 1982 年提出引起羊瘙癢病的羊瘙癢因子（scrapie），是一種傳染性蛋白顆粒，這種不含有核酸，僅由蛋白組成的感染顆粒稱為朊病毒（virion）。單一的朊粒體積極小，最小感染形式的朊粒比最小的病毒還小 100 倍，對熱、蛋白酶等多種化合物和光化學反應具有非常強的抵抗力，但是會被強鹼溶液失活。

（二）分類的原則（**Basis of Classification**）

1. 核酸的性質和結構（RNA/DNA，ds/ss，線性 / 環狀，有碎片 / 無碎）。
2. 病毒體的形狀和大小。
3. 病毒體的形態結構。
4. 對脂溶劑的敏感性。
5. 衣殼的對稱性和殼粒的數目。
6. 有無包膜。
7. 對理化因素的敏感性。
8. 抗原性。
9. 生物學的特性（繁殖的方式、宿主的範圍、傳播的途徑和致病性）。

病毒的分類

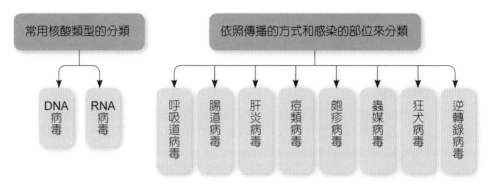

RNA 病毒

dsRNA，有碎片，無包膜	Reoviridae（呼腸病毒科）、Birnaviridae（雙 RNA 病毒科）
-ssRNA, 沒有碎片，包膜存在	Paramyxoviridae（副黏病毒科）、Rhabdoviridae（彈狀病毒科）
- ssRNA，有碎片，有包膜存在	Orthomyxoviridae（正黏病毒科）、Bunyaviridae（布尼亞病毒科）、Arenaviridae（沙粒病毒科）
+ssRNA, 沒有碎片，無包膜存在	Picornaviridae（小 RNA 病毒科）、Caliciviridae（杯狀病毒科）、Astroviridae（星狀病毒科）
+ssRNA, 沒有碎片，包膜存在	Coronaviridae（冠狀病毒科）、Flaviviridae（黃病毒科）、Togaviridae（披膜病毒科）

＋ 知識補充站

1. DNA 病毒（DNA viruses）（dsDNA, 包膜存在）：包括 Poxviridae（痘病毒科）（dsDNA, 包膜存在）；Herpesviridae（疱疹病毒科）（dsDNA,）；Adenoviridae（腺病毒科）；Paproavairidae（乳多空病毒科）（ssDNA, 包絡線並不存在）；Paraoviridae（細小病毒科）。

2. DNA 和 RNA 逆轉錄病毒：包括嗜肝 DNA 病毒科（Hepadnasviridae）；逆轉錄病毒科（Retroviridae）。

3. 類病毒（Viroids）：很小（200-400nt），桿狀 RNA 分子，有二級結構；並無衣殼或包膜；在核內增殖，在細胞內寄生；大多與植物疾病相關。

1-12 **理化因素對病毒的影響**

失活（inactivation）指的是病毒受到理化因素的作用之後失去感染性。凡是能破壞病毒成分和結構的理化因素均會使病毒失活，但是失活病毒仍保留其抗原性、紅血球吸附、細胞融合等生物學特性。

（一）物理因素

1. 溫度：病毒大多耐冷不耐熱（肝炎病毒除外），加熱 56°C，30 分鐘即被失活。在 0°C 以下，尤其在乾冰溫度（-70°C）和液態氮溫度（-196°C）下，可以長期地保持其感染性，故一般使用低溫真空乾燥法來保存病毒。熱力主要透過下列的機制來失活病毒：使病毒衣殼蛋白和包膜蛋白變性，導致病毒無法吸附於宿主細胞表面；病毒增殖所需的酶類變性，影響病毒脫殼等複製過程。

2. pH 值：病毒一般在 pH 5 ～ 9 的環境比較穩定，在 pH 值 5.0 以下或 pH 值 9.0 以上的環境中迅速被失活，但是腸道病毒耐酸，在 pH 值 3 ～ 5 時穩定，因此不同的病毒對 pH 值的耐受力不同。

3. 射線：電離輻射（γ 射線、x 射線等）與紫外線均會使病毒失活。射線會使核苷酸鏈斷裂而失活病毒，紫外線會引起病毒的核苷酸形成雙聚體而抑制病毒的複製。有些病毒（例如脊髓灰質炎病毒）經過紫外線照射被失活之後，若再使用可見光來照射能夠復活，稱為光復活，由於可見光可活化酶除去二聚體而使得病毒復活，故製備失活疫苗不宜採用紫外線來照射。

（二）化學因素

1. 脂溶劑：乙醚、氯仿、去氧膽酸鹽等脂溶劑透過溶解包膜病毒的脂質而失活病毒。乙醚是破壞作用最大的脂溶劑，故乙醚失活實驗可以用於包膜病毒和無包膜病毒的鑑別。

2. 甘油：大多數的病毒在 50% 甘油鹽水中能活存較久。因為病毒體中含有游離水，不受到甘油脫水作用的影響，故可以用於保存病毒感染的組織。

3. 化學消毒劑：戊二醛、次氯酸鹽、過氧乙酸、碘酒、強酸、強鹼等化學消毒劑能失活大多數病毒，但是效果並不如細菌，可能是由於病毒缺乏酶類，其中醛類消毒劑由於破壞病毒感染性，仍保留抗原性，而常用於製備失活疫苗。

4. 其他：抗生素對病毒並沒有抑制的功能，待檢標本中加抗生素會抑制細菌繁殖，使病毒容易分離。中草藥，例如板藍根、大青葉、大黃、貫仲等對病毒增殖有相當程度的抑制功能，其機制還有待於進一步的研究。

失活

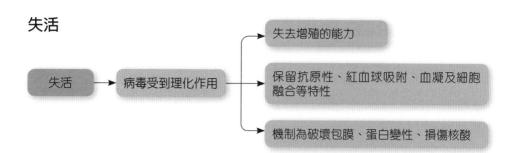

失活 → 病毒受到理化作用 →
- 失去增殖的能力
- 保留抗原性、紅血球吸附、血凝及細胞融合等特性
- 機制為破壞包膜、蛋白變性、損傷核酸

影響病毒的理化因素

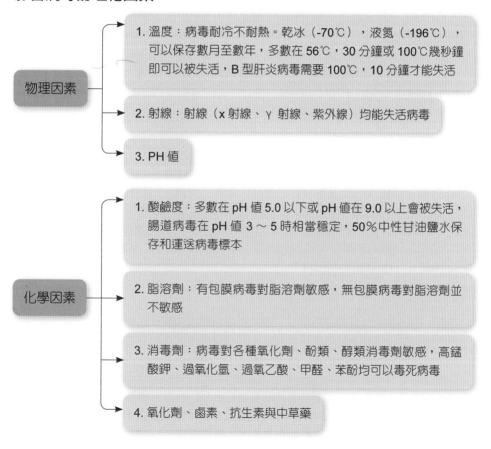

物理因素
1. 溫度：病毒耐冷不耐熱。乾冰（-70℃），液氮（-196℃），可以保存數月至數年，多數在 56℃，30 分鐘或 100℃ 幾秒鐘即可以被失活，B 型肝炎病毒需要 100℃，10 分鐘才能失活
2. 射線：射線（x 射線、γ 射線、紫外線）均能失活病毒
3. PH 值

化學因素
1. 酸鹼度：多數在 pH 值 5.0 以下或 pH 值在 9.0 以上會被失活，腸道病毒在 pH 值 3～5 時相當穩定，50％中性甘油鹽水保存和運送病毒標本
2. 脂溶劑：有包膜病毒對脂溶劑敏感，無包膜病毒對脂溶劑並不敏感
3. 消毒劑：病毒對各種氧化劑、酚類、醇類消毒劑敏感，高錳酸鉀、過氧化氫、過氧乙酸、甲醛、苯酚均可以毒死病毒
4. 氧化劑、鹵素、抗生素與中草藥

1-13 病毒的發現與病毒的結構

（一）病毒的發現

　　最先斷定病毒存在的是巴斯德（Louis Psateur）。在 1860 年代，巴斯德研究發現，「狂犬病」是因為被患病動物咬傷而傳染。在普通的光學顯微鏡下，並沒有找到病菌。可見引起狂犬病的微生物太小。「煙草花葉病」可以傳播。但是，在患病煙葉的汁液中，並未發現任何的病菌。在 1892 年，俄國細菌學家伊凡諾夫斯基（Ivanovski）從患病的煙草植株萃取出傳染性汁液，經過細菌濾器過濾之後，仍能感染健康的煙草植株。可是，他本人並沒有認識到此一現象的重要意義，反而抱怨篩檢程序出了毛病。在 1898 年，荷蘭植物學家貝傑林克（Beijerinck）重複了該實驗，得到了完全相同的結果。他斷定，造成煙草花葉病的微生物非常小，以致能透過篩檢程序。貝傑林克將該微生物稱為「病毒」。1935 年，美國生物化學家斯坦利（Stanley）從煙草的萃取液汁中獲得了病毒的結晶，證實了病毒的存在，並於 1946 年因此而獲得了諾貝爾獎。1930 年代末，電子顯微鏡問世，得以觀察到病毒的形態與結構。

（二）病毒的結構

　　病毒不具有細胞形態，為非細胞型微生物。病毒的結構可以分為基本結構和特殊結構。基本的結構包含有：

1. 核心：由核酸（DNA 或 RNA）所組成，構成病毒的基因組，編碼病毒所有結構蛋白和非結構蛋白。病毒只含一種核酸，為 DNA 或 RNA。
   (1) 特點：多樣性，線型或環形，可以為單鏈、雙鏈、分節段 RNA 和單鏈、雙鏈 DNA；病毒鹼基的數量很少；基因互相重疊，為充分地利用核酸；有內含子，轉錄之後需要剪接和加工，病毒基因的轉錄與轉譯均需要在細胞內進行，因此，病毒基因組的架構與真核細胞的基因組相類似，而不同於細菌等原核生物的基因組。（細菌基因組並無內含子）。
   (2) 功能：構成病毒的基因組。攜帶全部的遺傳資訊，決定病毒的感染性、增殖、遺傳和變異。
2. 衣殼：由相當數量的殼粒所組成，殼粒由蛋白質或多肽分子所組成。核心和衣殼會合成核衣殼，構成最簡單的病毒顆粒。蛋白質構成病毒的衣殼，亦是包膜的主要成分。可以分為結構蛋白和非結構蛋白兩種。

　　結構蛋白是組成病毒體的蛋白成分，保護病毒體的核酸，介導病毒核酸進入宿主細胞，可以誘發身體的免疫回應。非結構蛋白是可以存在於病毒體內，也可能不存在於病毒體內而僅存在於感染細胞之內，具有酶的功能，例如蛋白水解酶，逆轉錄酶；轉化宿主細胞的功能，例如啟動細胞的癌基因；抗細胞凋亡的功能。

病毒的特殊結構

包膜	1. 主要由脂質和糖蛋白所組成
	2. 脂質和糖類來自於宿主細胞,從宿主細胞的核膜或細胞膜中獲得
	3. 蛋白質是病毒自身基因的合成
	4. 根據有無包膜,可以將病毒分為包膜病毒和裸露病毒兩種,例如 SARS 冠狀病毒是一種有包膜的病毒
刺突	1. 主要的成分是糖蛋白,鑲嵌在包膜表面
	2. 構成表面的抗原
	3. 功能:與包膜病毒的吸附和穿入,以及免疫性有關

病毒的種類

病毒的形態多樣化,主要有球形,桿形和蝌蚪形。也可以根據大衛•巴爾的摩(David Baltimore)分類法(病毒 mRNA 導向的生成機制)分為下列幾種:

雙鏈 DNA 病毒	例如腺病毒、皰疹病毒、痘病毒
單鏈 DNA 病毒	例如小 DNA 病毒)
雙鏈 RNA 病毒	例如呼腸孤病毒)
(+) 單鏈 RNA 病毒	例如微小核糖核酸病毒、披蓋病毒
(-) 單鏈 RNA 病毒	例如正黏液病毒、炮彈病毒
單鏈 RNA 反轉錄病毒	例如反轉錄病毒
雙鏈 DNA 反轉錄病毒	例如肝病毒

凡是在核酸和蛋白質兩種成分中,只含有其中之一的分子病原體或是由缺陷病毒構成的功能不完整的病原體稱為次病毒因子,主要有類病毒、擬病毒、衛星病毒、衛星 RNA 和朊病毒 5 種。

✚ 知識補充站

病毒的生活特徵:病毒必須在活細胞內才能顯示出其生命活動。離開活細胞不能繁殖。病毒的繁殖方式為自我複製。病毒的一般結構:基本結構有核心(核酸)和衣殼(蛋白或脂蛋白),二者構成核衣殼。有些病毒核衣殼之外還有包膜和包膜子粒(也稱為刺突)。歸類:病毒既不屬於原核生物,也不屬於真核生物。

第 2 章
病毒的感染與免疫

1. 掌握病毒感染的致病機制

2. 熟悉病毒感染的傳播方式；病毒感染的類型

3. 瞭解抗病毒免疫

4. 掌握病毒的致病性、感染類型、病毒與腫瘤的關係

5. 熟悉病毒感染的檢查方法；病毒感染的特異性預防

6. 瞭解病毒感染的治療方式

2-1 病毒感染的傳播方式

　　病毒侵入身體並在體內增殖，與身體發生互動的過程稱為病毒感染（viral infection）。在感染之後常會因為病毒種類、身體狀態的不同而發生輕重不一的具有病毒特徵的疾病，稱為病毒性疾病（viral disease）。有時雖然會發生病毒感染，但是並不會形成疾病。因此，病毒感染與病毒性疾病是兩個相關但是不同的概念。病毒引起人體感染和疾病的能力稱為病毒的致病作用。病毒致病始於侵入宿主細胞，其致病機制不僅取決於病毒自身的致病作用，而且還與身體的狀態和兩者之間的互動密切相關。病毒感染可以誘發身體的免疫回應，結果可以表現為免疫保護功能，也會造成身體的免疫病理損傷。

（一）病毒感染的來源

　　不同來源的病毒會經由多種的途徑進入身體，其入侵的方式和途徑常會決定感染的發生和發展。

（二）病毒感染的途徑

　　不同的病毒會透過不同途徑而侵入身體，在相對適應的系統和標靶器官內寄居、生長、繁殖並引起疾病。一種病毒可以透過多種途徑來感染身體，不同病毒又會經由同一種途徑侵入體內（如右表所示）。

1. 黏膜的途徑：許多病毒都是經由黏膜（呼吸道、消化道或泌尿生殖道）途徑感染而致病的。有些病毒感染可能局限於黏膜，有些病毒感染也會經由黏膜擴散至鄰近組織和淋巴管並進入血流，而引起病毒血症（viremia）。再經由血流擴散至標靶器官，而引起典型病變及臨床表現。也有些病毒在感染過程中會形成二次病毒血症，最後侵入標靶器官致病。例如流感病毒引起的流感僅局限於呼吸道黏膜表面的感染，而 A 肝病毒則會透過消化道黏膜感染，在進入血流之後到達肝臟引起病變，導致 A 型肝炎。

2. 皮膚的途徑：有些病毒會透過昆蟲叮咬或動物咬傷、注射或機械損傷的皮膚侵入身體而引起感染。例如蚊蟲叮咬會傳播流行性 B 型腦炎病毒，狂犬咬傷會傳播狂犬病病毒。

（三）病毒感染的傳播方式

1. 水平傳播：病原體在人群中不同個人之間的傳播，稱為水平傳播（horizontal transmission）。該傳播方式所導致的感染稱為水平感染（horizontal infection）。水平傳播的病毒感染率較高，是大多數傳染病的傳播方式，病毒透過呼吸道、消化道、泌尿生殖道、輸血、注射和破損皮膚等接觸從一個個人傳給另一個易感者，病毒在易感者體內繁殖並迅速播撒。

2. 垂直傳播：病原體透過胎盤、產道等途徑從母體傳給子代的方式，稱為垂直傳播（vertical transmission）。該傳播方式產生的感染稱為垂直感染（vertical infection）。主要見於發生病毒血症的孕婦，例如風疹病毒、B 肝病毒、巨細胞病毒和人類免疫缺陷病毒等會經由胎盤感染胎兒，引起先天性畸形、早產、流產、死胎等較為嚴重的後果。

透過黏膜表面的傳播

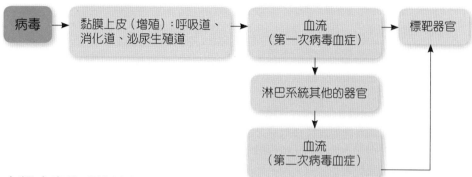

人類病毒的感染途徑

主要的感染途徑	傳播的方式及媒介	病毒種類
呼吸道	氣溶膠、飛沫、痰、唾液或皮屑	流感病毒、鼻病毒、麻疹病毒、風疹病毒、腮腺炎病毒、腺病毒及部分 EB 病毒與腸道病毒、水痘病毒等
消化道	污染水或食品	脊髓灰質炎病毒、其他腸道病毒、輪狀病毒、A 肝病毒、E 肝病毒、部分腺病毒
血液	污染血或血製品、污染注射器	人類免疫缺陷病毒、B 肝病毒、C 肝病毒、巨細胞病毒等
眼或泌尿生殖道	接觸、游泳池、性交	人類免疫缺陷病毒、單純皰疹病毒、腸道病毒 70 型、腺病毒、乳頭瘤病毒
經胎盤、圍生期	子宮內、分娩產道、哺乳等	B 肝病毒、人類免疫缺陷病毒、巨細胞病毒、風疹病毒
破損皮膚	昆蟲叮咬、狂犬、鼠類	腦炎病毒、出血熱病毒、狂犬病病毒等

病毒感染的傳播方式和途徑

水平傳播是指病毒在族群不同個人之間的傳播方式	侵入身體的途徑： 1. 經由黏膜傳播：呼吸道、消化道、泌尿生殖道 2. 經由皮膚來傳播 　(1) 昆蟲叮咬、動物咬傷、機械性損傷 　(2) 注射的途徑：B 肝病毒（HBV） 2×10 的負四次方克即具有傳染性 　(3) 咬傷的途徑：狂犬病毒（病狗的咬傷傳播）、B 型腦炎病毒（蚊子的叮咬傳播） 　(4) 接觸的途徑：HPV（皮膚疣、尖銳濕疣） 3. 經由血源或醫源性途徑傳播：經輸血、注射、拔牙、手術、器官移植等
垂直傳播	透過皮膚傳播： 1. 方式：病毒經由胎盤、產道、哺乳，病毒由母親傳播至胎兒、新生兒的方式 2. 易於垂直傳播的病毒：風疹病毒、單純巨細胞病毒以及人類免疫缺陷病毒、B 型肝炎病毒 3. 垂直傳播的後果：死胎、流產、早產、先天畸形、無症狀病毒攜帶者

2-2 病毒感染的類型

病毒的種類、毒力的強弱和身體的免疫力等因素會影響病毒感染的類型。根據有無臨床症狀，分為隱性感染和顯性感染。

（一）隱性感染

病毒進入身體而不會引起臨床症狀的感染稱為隱性感染（inapparent infection）或子臨床感染（subclinical infection）。隱性感染的發生可能是由於病毒毒力弱、侵入數量少或身體免疫力強等原因，使得病毒在體內出現下列幾種可能性：

1. 病毒不能大量增殖，因而對組織細胞不造成明顯的損傷。
2. 感染在病毒到達標靶器官或組織之前被控制。
3. 因為病毒感染所引起的組織損傷被迅速修復。
4. 標靶器官或組織的損傷程度不足以影響該組織器官的功能。

隱性感染是人群獲得自然主動免疫的重要途徑。但是同時部分感染者可以作為病毒攜帶者（viral carrier），成為重要的傳染來源。例如脊髓灰質炎病毒、A 肝病毒、流行性 B 型腦炎病毒等病毒的感染，多數為隱性感染，宿主於感染之後獲得對該病毒的特異性免疫力。但是在感染期間，病毒會在部分感染者體內增殖並持續排出而傳染他人。所以隱性感染在流行病學上具有十分重要的意義。

（二）顯性感染

病毒進入身體引起明顯臨床症狀的感染稱為顯性感染（apparent infection）或臨床感染（clinical infection）。顯性感染的發生可能是由於病毒的毒力較強、侵入的數量較多或身體免疫力弱等原因，使得病毒在宿主細胞內大量增殖，而引起細胞破壞、死亡達到相當的數量，或毒性產物如病毒成分和細胞自身的崩解產物等累積達到相當的程度時，因而對身體組織細胞造成明顯的損傷。顯性感染可以分為局部感染（例如單純皰疹）和全身感染（例如麻疹）。根據症狀出現早晚和病毒在體內滯留的時間長短，顯性感染還可以分為兩種類型：

1. 急性感染（acute infection）。
2. 持續性感染（persistent infection）：持續性感染又分為慢性感染（chronic infection）、潛伏性感染（latent infection）、慢發病毒感染（slow virus infection）。

小博士 解說 病毒感染的分類

根據傳播途徑和病變部位的不同，可以分為下列類型：呼吸道病毒性疾病、胃腸道病毒性疾病、皮膚和黏膜病毒性疾病、中樞神經系統病毒性疾病、親淋巴細胞性病毒性疾病、慢病毒感染。

顯性感染

急性感染	1. 身體在感染病毒之後，一般潛伏期較短、發病較急、病程持續數日或數週 2. 發生此類感染的宿主免疫力往往較強，能清除體內病毒而進入感染的恢復期，故又稱病原消滅型感染 3. 病後身體常會獲得特異性免疫。例如 A 型肝炎病毒、腮腺炎病毒等感染
持續性感染	1. 病毒侵入身體會持續地存在數月、數年甚至數十年。身體會出現症狀或不出現症狀，可以向外排出病毒，是重要的傳染來源 2. 病毒持續感染是病毒感染的重要類型，根據患者的發病過程、病毒與宿主細胞的互動關係，主要有下列幾種類型： (1) 慢性感染：病毒經由隱性或顯性感染之後未從體內完全清除，持續存在於血液或組織中，病程可以長達數月至數十年，並不斷有病毒排出體外的慢性進行性感染。例如 B 型肝炎病毒、C 型肝炎病毒、巨細胞病毒和 EB 病毒等常會引起慢性感染 (2) 潛伏性感染：某些病毒在原發感染之後，病毒未從體內清除，而是潛伏於某些特定的組織或器官內，但並不會增殖產生感染。當身體免疫力下降時，病毒被啟動開始增殖，急性發作而出現顯性感染的症狀，並可以檢測出病毒。例如，單純皰疹病毒 I 型初次感染身體之後，可以潛伏在三叉神經節細胞之中，當身體勞累或免疫功能低落時，潛伏的病毒被啟動，會引起唇皰疹。疾病恢復後，病毒又返回到潛伏部位，等待下次增殖感染機會 (3) 慢發病毒感染：病毒感染之後潛伏期長達數月、數年至數十年之久，一旦症狀出現大多為次急性、進行性加重，最後患者會死亡。又稱為圍遲發病毒感染（delay infection）。例如麻疹病毒所引起的次急性硬化性腦炎（SSPE）；朊粒引起的人克雅病、庫魯病和羊瘙癢病等，以及一些病因未明但認為與慢性感染有關的疾病，例如多發性硬化症（mu1tiple sc1erosis）、動脈硬化症及糖尿病等

✛ 知識補充站

　　病毒感染的不同類型是病毒感染在體內整體水準上的表現，其感染的過程和結局取決於病毒和身體之間的互動。病毒的毒力（種類、數量、嗜細胞組織特性等）、家族遺傳特性、天然和獲得性免疫回應等均會影響病毒感染的類型、行程和結局。

2-3　病毒的致病機制（一）

　　病毒具有嚴格的細胞內寄生性，侵入易感細胞，損傷或改變宿主細胞的功能，影響全身而致病。因此，病毒的致病機制包括：病毒對宿主細胞的直接損傷、病毒感染過強激發的免疫回應所引起的免疫病理損傷，以及病毒對免疫系統的致病功能。

（一）病毒對宿主細胞的直接損傷

　　細胞被病毒感染之後，由於病毒和宿主細胞互動的結果不同，其表現的形式相當多樣化。除了進入非容納細胞之後產生頓挫感染而終止感染過程之外，在容納細胞中會表現為：殺細胞效應、穩定狀態感染、細胞凋亡、細胞增生和轉化、病毒基因的整合及包涵體的形成等。

1. 殺細胞效應：病毒在宿主細胞內增殖，引起宿主細胞裂解死亡的功能，稱為病毒的殺細胞效應（cytocidal effect）。此效應主要見於無包膜、殺傷性強的病毒的感染，例如脊髓灰質炎病毒、腺病毒等所引起的急性感染。殺細胞效應的發生機制主要有：
   (1) 透過阻斷細胞的核酸和蛋白質合成，使細胞代謝功能紊亂，導致細胞病變或死亡。
   (2) 病毒的感染會引起宿主細胞溶酶體破壞，導致細胞的自溶。
   (3) 某些病毒衣殼蛋白具有直接殺傷的功能，導致細胞裂解死亡。
   (4) 病毒感染會導致宿主細胞膜表面出現新抗原或細胞融合，引起免疫病理損傷。體外的實驗發現，病毒感染的細胞經過一定的時間培養之後，會出現細胞變圓、脫落、壞死等現象，稱之為致細胞病變效應（cytopathic effect, CPE）。

2. 穩定狀態感染：有包膜的病毒（例如流感病毒、皰疹病毒等）以出芽方式釋放子代病毒，因為其過程相對緩慢，所導致的病變相對地也較輕，因此細胞在短時間內並不會立即被溶解與死亡。由於這類病毒感染常是以出芽方式釋放子代病毒，細胞膜常會發生相當程度的變化。例如在細胞膜表面出現嵌合有病毒特異抗原的蛋白成分，因這些病毒抗原具有抗原性，會被身體的特異抗體或殺傷性 T 細胞（CTL）所識別。如果細胞膜表面的病毒蛋白具有融合膜的生物活性時，數個細胞之間的細胞膜可以互相融合而形成多核巨細胞，具有病理學的特徵。例如麻疹病毒所引起的肺炎，在肺部會出現融合的多核巨細胞，有診斷的價值。受到病毒感染的細胞經過不斷大量釋放子代病毒之後，以及在身體的免疫因子介導下，細胞最後仍然不免會死亡。

病毒包涵體的類型

染色特性	存在部位	常見病毒
嗜酸性	細胞核	單純皰疹病毒、水痘 - 帶狀皰疹病毒
	細胞漿	狂犬病病毒（內基小體）、脊髓灰質炎病毒
	細胞核及細胞漿	麻疹病毒、巨細胞病毒
嗜鹼性	細胞核	腺病毒

病毒對宿主細胞的直接損傷

細胞的凋亡	1. 細胞凋亡是一種由基因控制的程序性細胞死亡 2. 已證實有些病毒感染細胞之後（例如人類免疫缺陷病毒、腺病毒等），病毒可以直接或由病毒編碼蛋白間接地作為誘導因子而引發細胞的凋亡
細胞增生與細胞轉化	1. 有少數病毒感染細胞後不僅不抑制細胞 DNA 的合成，反而會促進細胞的 DNA 合成 2. 例如 SV40 病毒會促進細胞增殖，引起動物腫瘤。相關的研究發現 SV40 病毒編碼的一種蛋白（T 蛋白）可以與細胞的 DNA 複製起始點及細胞的 DNA 多聚酶結合，從而可以促進細胞的增生。在小老鼠中，注射 SV40 病毒可以使動物發生腫瘤 3. 在老鼠成纖維細胞培養中，這類病毒均會導致細胞轉化，即細胞形態發生變化（由成纖維細胞形態轉變為上皮狀細胞形態），細胞繁殖增快，失去細胞間的接觸抑制，呈現成堆生長等特點 4. 人類的一些病毒，例如 EBV、HPV 等，體外實驗發現也有促進細胞增生與轉化的能力
基因整合與細胞轉化	1. 全基因組整合：逆轉錄 RNA 病毒以 RNA 為範本逆轉錄產生 cDNA，然後以 cDNA 為範本複製正鏈 DNA，形成雙鏈 DNA 並全部整合於細胞染色體 DNA 中，例如人類免疫缺陷病毒 2. 失常式整合（aberration）：DNA 病毒基因組中部分基因，或部分 DNA 片段隨機整合於宿主細胞染色體 DNA 中，例如單純皰疹病毒。兩種方式的整合均使細胞遺傳性改變，引起細胞轉化（transformation）。轉化的細胞代謝旺盛，且失去細胞之間的接觸抑制而呈現成堆生長的趨勢，細胞表面還會出現由病毒基因編碼的新抗原。某些病毒整合片段攜帶癌基因，或因病毒基因整合，導致整合部位及附近可能存在的宿主細胞抑癌基因失活、癌基因啟動，因此轉化細胞可變成腫瘤細胞。例如 HPV、HBV、EBV 等病毒感染，引起的相關腫瘤分別為子宮頸癌、原發性肝癌、鼻咽癌等
包涵體的形成	1. 細胞在被病毒感染之後，在細胞漿或細胞核內出現光鏡下可見的、嗜酸或嗜鹼性、大小和數量不同的圓形、橢圓或不規則的斑塊結構，稱為包涵體（inclusion body） 2. 經過相關的研究證實，包涵體是病毒顆粒的聚集體、病毒增殖留下的痕跡或病毒感染引起的細胞反應物。包涵體對宿主細胞的正常結構和功能也有破壞作用，且不同病毒包涵體的形態、染色性及存在部位不一，故可以作為病毒感染的診斷依據之一

2-4 病毒的致病機制（二）

（二）病毒感染的免疫病理損傷

病毒及病毒感染的細胞表面出現的新病毒抗原均具有很強的抗原性，能夠刺激身體產生過強的免疫回應，包括第 II、III、IV 型超敏反應及自身免疫回應，結果導致組織損傷，稱為病毒感染的免疫病理損傷。

1. **體液免疫病理損傷作用**：體液免疫病理損傷主要由第 II、III 型超敏反應所導致。許多病毒（特別是有包膜病毒）感染細胞，能誘發宿主細胞表面出現免疫原性很強的新抗原，當這些新抗原與相應的抗體發生結合之後，啟動補體等，最後引起宿主細胞的破壞，此為 II 型超敏反應所致的體液免疫病理損傷，也是 HBV 感染導致肝細胞損傷的機制之一。

   某些病毒的包膜蛋白、衣殼蛋白均具有良好的抗原，能刺激身體產生相應抗體，並與相應抗體特異性結合，形成免疫合成物會長期存在於血液中，或沉積於微血管基底膜，進而啟動補體、吸引中性粒細胞，而引起 III 型超敏反應，導致發炎症反應和組織損傷。

   例如 HBV 感染導致的肝外系統的損傷，嬰兒感染呼吸道合胞病毒引起的細支氣管炎和肺炎等。

2. **細胞免疫病理損傷**：細胞免疫病理損傷是由 IV 型過敏反應所導致。因為病毒感染之後，宿主細胞表面出現病毒抗原或自身抗原免疫原性很強，能刺激身體產生大量的 CTL 和 CD4$^+$T 細胞（Th1 細胞），CTL 直接殺傷標靶細胞或誘導標靶細胞凋亡，Th1 細胞則可以透過釋放細胞因子，發揮活化巨噬細胞等功能，最後會引起組織損傷。例如 HBV 感染導致的重症肝炎。

小博士解說 **病毒感染的免疫病理**

在病毒感染中，病毒的包膜抗原和衣殼抗原均可以刺激身體產生免疫回應，包括抗病毒免疫和免疫病理，後者常會導致組織損傷。體液免疫病理作用：為當受感染的細胞表面存在病毒抗原時，可以與體液中相應的抗體形成抗原─抗體合成物，產 II 型過敏反應，引發組織細胞損傷。細胞免疫病理作用：抗病毒免疫以細胞免疫為主，細胞免疫在發揮其抗病毒感染的同時，特異性細胞毒性 T 細胞（CTL）等，也會對宿主細胞產生損傷，引起類似於胞內菌（如分枝桿菌）感染的 IV 型過敏反應。抑制免疫系統功能：直接殺傷免疫活性細胞；引起免疫抑制；引發自身的免疫病。

病毒對免疫系統的致病功能

病毒感染引起的免疫抑制

1. 現在已經發現，許多病毒感染會引起身體免疫回應降低或暫時性免疫抑制

2. 例如麻疹病毒感染患兒對結核菌素皮膚實驗回應低落或陽性反應轉為陰性反應

3. 此種免疫抑制使病毒性疾病加重、持續，並可能使疾病行程複雜化。免疫回應低落可能與病毒直接侵犯免疫細胞有關

4. 病毒在侵入免疫細胞之後，不僅會影響身體免疫功能，使病毒難以清除，而且病毒存在於這些免疫細胞中受到保護，會有逃避抗體、補體等功能，並隨著免疫細胞而播散至全身

病毒對免疫活性細胞的殺傷

1. 人類免疫缺陷病毒（HIV）侵犯巨噬細胞和 $CD4^+Th$ 細胞之後，由於 HIV 對 $CD4^+Th$ 細胞具有較強的親和性和殺傷性，使其數量大量減少，細胞免疫功能低落

2. 愛滋病患者極易發生機會性感染或併發腫瘤

病毒感染引起自身的免疫疾病

病毒感染免疫系統之後會導致免疫回應功能紊亂，主要表現為失去對自身與非自身抗原的識別功能。病毒感染細胞之後，除了病毒新抗原與細胞抗原結合，改變細胞膜表面結構成為「非己」之外，也有可能使正常情況下隱蔽的抗原暴露或釋放出來，導致身體對這些細胞產生免疫回應，免疫細胞和免疫因子對這些標靶細胞發揮功能，從而發生自身的免疫疾病

2-5 病毒的致病機制（三）

（三）病毒的致病機制

病毒進入易於感染的細胞，在細胞內增殖，導致細胞損傷或產生其他變化。如何研究宿主細胞受病毒感染後的變化呢？可以觀察細胞形態學變化，研究細胞新陳代謝及抗原性改變；從身體的病變組織採取標本，做超微結構的觀察，瞭解病毒感染對細胞的運作；原位核酸分子雜交或萃取組織細胞的核酸，研究病毒基因在其中的存在狀態，闡明病毒與被感染細胞的互動。

病毒對宿主細胞的直接作用，列述如下：

1. 殺細胞性感染：大多為無包膜病毒，例如脊髓灰質炎病毒。
2. 阻斷細胞大分子合成：早期蛋白使宿主細胞轉而合成病毒成分。
3. 影響細胞溶酶體：溶酶體酶釋放，細胞自溶。
4. 包涵體形成：病毒大量增殖，引起細胞裂解。包涵體形成的部位往往反映病毒複製的部位。
5. 穩定狀態感染：大多為包膜病毒。在以出芽方式釋放時，宿主細胞膜常會發生相當程度的變化，例如嵌合有病毒特異的抗原，可以被身體的特異抗體或殺傷性 T 細胞（CTL）所識別。如果細胞膜表面的病毒蛋白具有融合膜的生物活性時，數個細胞之間的細胞膜可以互相融合而形成多核巨細胞。
6. 整合感染：病毒 DNA 或 RNA（逆轉錄成 DNA），結合至細胞染色體中，病毒核酸隨宿主細胞分裂傳給子代，不複製出病毒。會發生細胞遺傳性改變→細胞轉化，與病毒致腫瘤性密切相關，但是轉化能力不等於致癌功能。
7. 細胞的凋亡：當細胞受到誘導因子作用激發，並將信號傳導入細胞內部，則細胞的死亡基因被啟動，發生細胞凋亡。有些病毒（例如 HIV 和腺病毒等）感染細胞之後，或直接由感染病毒本身，或由病毒編碼蛋白間接地作為誘導因子而引發細胞凋亡。

小博士解說 病毒感染的免疫病理功能

在病毒感染中，免疫病理導致的組織損傷常見。誘發免疫病理反應的抗原，除了病毒之外還有因為病毒感染而出現的自身抗原。此外，有些病毒可以直接侵犯免疫細胞，破壞其免疫功能。

1. 抗體介導的免疫病理功能：許多病毒誘發細胞表面出現新抗原，與相應抗體結合之後，啟動補體，破壞宿主細胞。屬於 II 型過敏反應。抗體介導損傷的另一個機制是抗原抗體合成物所引起的，即 III 型超過敏反應。
2. 細胞介導的免疫病理功能：細胞毒性 T 細胞能特異性殺傷帶有病毒抗原的標靶細胞，造成組織細胞損傷。屬於 IV 型過敏反應。
3. 免疫抑制功能：某些病毒感染會抑制宿主的免疫功能，易於合併感染而死亡，例如愛滋病。

病毒感染的免疫病理功能

II 型超敏反應	1. 許多病毒，例如狂犬病病毒、單純皰疹病毒、流感病毒等侵入細胞之後，會誘發細胞表面出現新抗原 2. 特異性抗體與抗原結合之後，在補體的參與之下，會引起細胞的破壞。例如登革病毒與相應抗體在紅細胞和血小板表面結合，會啟動補體，造成紅血球和血小板的破壞，出現出血和休克症症候群
III 型超敏反應	1. 有些病毒在感染之後，抗病毒的抗體因親和力低或與抗原的比例不當，會在體內形成抗原抗體複合物的沉積 2. 若沉積在腎微血管基底膜上，在啟動補體之後會引起 III 型超敏反應，會造成局部組織損傷，出現腎小球腎炎，表現為蛋白尿、血尿等症狀
IV 型超敏反應	1. 細胞免疫在某些病毒感染的恢復上發揮了重要的功能。但是特異性細胞毒性 T 細胞（CTL）會同時損傷受病毒感染而出現某個新抗原的標靶細胞，造成細胞的病變 2. 病毒蛋白亦會因為與宿主細胞的某些蛋白間存在有共同抗原性而導致自身免疫回應。對近 700 種 DNA 病毒和 RNA 病毒的病毒蛋白做核苷酸序列分析和用單複製抗體分析，發現 4% 具有與宿主組織蛋白共同的抗原決定簇。例如麻疹病毒、腮腺炎病毒感染之後所發生的腦炎很可能是因為有交叉性抗原而引起的自身免疫疾病，因為不能從病腦組織中分離出病毒。又例如在慢性肝炎中，也有因為病毒感染構成的自身免疫，使身體產生對肝細胞某些蛋白的特異性細胞免疫
抑制免疫系統功能	1. 許多病毒感染能引起宿主免疫功能的抑制。例如麻疹病毒、風疹病毒、巨細胞病毒等感染。導致免疫低落的原因，可能與病毒侵犯免疫細胞有關 2. 人類免疫缺陷病毒能與 CD4$^+$ 的輔助性 T 細胞結合並入侵引起的愛滋病，更使受染者形成獲得性免疫缺陷狀態，因而極易併發病毒、真菌、寄生蟲等感染和惡性腫瘤，造成死亡

＋ 知識補充站

病毒與惡性腫瘤發生有密切關係的有：EB 病毒（Burkitt 淋巴瘤和鼻咽癌）、單純皰疹病毒 2 型和人類乳頭瘤病毒（子宮頸癌）、B 型肝炎病毒（原發性肝癌）、人類嗜 T 細胞病毒（白血病）。

2-6　**病毒感染的檢查方法（一）**

　　隨著對病毒感染從生物學及分子生物學層級的研究進展，病毒的診斷技術已經由傳統方法延伸至新的快速診斷技術。病毒感染的快速診斷有利於對病毒感染者的治療。早期診斷及早期治療對控制病毒的感染十分重要。此外，從族群感染角度來分析，確診病毒感染的病原，在監測病毒的流行方面，以及制定預防病毒性疾病措施方面也有重要的價值。

（一）標本的採集與送檢

　　正確地採集和運送標本是病毒感染檢查成功的關鍵，應該予以重視。

1. 採集標本：病毒的分離與鑒定是病毒檢查的主要方法之一。病毒分離培養的成功率與標本的種類、採集的時間、保存的條件、採用的分離方法等因素密切相關。必須根據臨床診斷、療程、檢查的項目等採集不同的標本。例如呼吸道感染應採集鼻咽分泌物或痰液；腸道感染取糞便；中樞神經系統感染取腦脊液；有外疹性疾病取皰疹內積液；有病毒血症者採集血液等。又若檢測病毒抗體或分離病毒時，應在發病初期即急性期採集標本；檢測抗病毒抗體時，應取雙份血清，即在急性期和恢復期各取一份血清標本。

2. 標本的處理：要盡可能做到無菌取材；對諸如鼻咽分泌物、糞便等本身就含有細菌的標本，應加入青黴素、鏈黴素、慶大黴素加以處理；對不能馬上送檢的組織、糞便等標本，應置於含有抗生素的 50% 甘油鹽水中低溫保存。

3. 冷藏快送：標本在採集之後應立即送實驗室檢查，如果離實驗室比較遠，則應將標本置於裝有冰塊或維持低溫材料（例如低溫凝膠、固態二氧化碳等）的保溫瓶中盡快送檢。若暫時不能做檢查或作病毒分離培養時，則應將標本存放在 -70°C 低溫冰箱中保存。

（二）病毒感染的快速檢查方法

1. 普通顯微鏡檢查：主要用於檢查病毒包涵體。

2. 電子顯微鏡檢查

　　(1) 電子顯微鏡直接檢查法：常用於皰疹病毒、A 型肝炎病毒、B 型肝炎病毒等快速診斷。

　　(2) 免疫電子顯微鏡檢查方法：將特異性抗體與標本懸液混合，使標本中的病毒顆粒凝聚在一起，再使用電子顯微鏡來觀察，可以提高病毒的檢出率。此法比電子顯微鏡直接檢查更具特異性和敏感性。

3. 免疫標記技術：主要有免疫螢光法、酶免疫法、放射免疫法等。其中免疫螢光法和 ELISA 已經廣泛地應用於各類臨床標本病毒抗原或特異性抗體的檢測。其共同的優點是方法簡便、快速、特異性較強、敏感性較高。

病毒的分離培養

組織培養	1. 是將離體的活組織塊或分散的活組織細胞加以培養的方法
	2. 目前是病毒分離鑑定中最常用的基本方法
	3. 細胞培養從其生長方式可以分為單層細胞和懸浮細胞兩種，從其來源及傳代次數又可以分為原代細胞、二倍體細胞與傳代細胞 3 種類型。常用的人胚腎細胞、猴腎細胞、雞胚細胞、人胚肺細胞、Vero 細胞、Hela 細胞等為原代細胞
	4. 傳代細胞被廣泛地用於病毒的分離鑑定，但是不能用於生產疫苗
雞胚培養	1. 首先將受精雞蛋孵化成 9 ～ 14 天年齡的雞胚，再將病毒接種於雞胚的不同部位
	2. 例如皰疹病毒接種在絨毛尿囊膜，初次分離流感病毒接種在羊膜腔、流感病毒傳代培養及腮腺炎病毒接種在尿囊腔，某些嗜神經病毒接種於卵黃囊
	3. 在接種兩天後觀察雞胚的活動和死亡情況，取尿囊液或羊水，使用血凝及血凝抑制實驗來測定病毒
動物接種	1. 是最早採用的病毒培養方法，目前已經較少使用
	2. 常用的實驗動物有小老鼠、家兔。根據不同的病毒，選擇敏感動物及適宜的接種部位
	3. 在接種之後每天觀察動物，若動物發病或死亡，即視為病毒感染，或作進一步的檢查鑑定

＋ 知識補充站

病毒的鑑定

　　根據新分離病毒的生物學特性、培養特性、細胞病變效應（cytopathic effect, CPE）特徵、紅血球吸附現象、干擾現象等，即可以初步確定病毒的科屬，若需要做進一步鑑定，則採用血清學、核酸檢測等方法。

　　病毒在細胞中的增殖指標：病毒感染細胞之後會引起不同的細胞變化，其中 CPE 為病毒在細胞內增殖所引起的特有的細胞病變。常見的 CPE 有細胞圓縮、聚集、拉絲、壞死和脫落等，為病毒增殖最重要的指標。其次為細胞融合形成的多核巨細胞，例如巨細胞病毒和呼吸道合胞病毒等。還有一些病毒（例如狂犬病毒、皰疹病毒等）在細胞內生長增殖，可以於細胞漿或細胞核內形成包涵體等。對於不出現明顯細胞病變的病毒，例如流感病毒等，可以利用感染細胞的細胞膜上出現病毒血凝素這一特徵做紅血球凝集實驗來檢查。也可以使用病毒感染所產生的干擾現象和引起的細胞代謝改變（例如 pH 值的變化）等作為增殖的指標。

2-7 病毒感染的檢查方法（二）

（三）病毒在細胞內增殖水準的檢測

1. 蝕斑的測定：是一種檢查和準確滴定感染性病毒的方法。將適當稀釋的病毒懸液加入單層細胞培養之中，當病毒吸附細胞之後，去除病毒懸液，再覆蓋一層融化的營養瓊脂，使病毒在細胞培養中只能有限擴散。結果每一個病毒顆粒在單層細胞中可產生一個局限性的感染細胞病灶，即蝕斑（plaque）。每一個蝕斑是由一個感染性病毒體複製形成的，稱之為蝕斑形成單位（plague forming unit, PFU）。病毒懸液中的感染性病毒量可以使用每毫升中蝕斑形成單位 PFU/ml 來表示。

2. 50% 組織細胞感染量（TCID50）或 50% 感染量（ID50）的測定：是一種根據有無細胞病變來估計病毒感染性強弱的質化測定法。一般將病毒懸液做持續的稀釋，使用不同稀釋度的懸液來接種單層細胞，經過相當的時間之後，觀察細胞病變是否產生，然後使用統計學方法來計算出引起 50% 發生感染的最小量，即 50% 組織細胞感染量。

3. 新分離病毒的鑒定：首先測定核酸類型，以此確定其為 DNA 病毒還是 RNA 病毒，再做理化性狀的檢測，根據形態、大小、結構、細胞培養特性，以及對脂溶劑的敏感性和耐酸性實驗等，初步鑒定病毒的科屬，病毒型別的最後鑒定必須依靠血清學實驗及核酸雜交等技術檢測病毒的特異性抗原及標記性核酸。

（四）病毒抗原的檢測

可以採用免疫螢光技術、酶免疫技術、放射免疫技術等方法。免疫螢光技術敏感，常用於早期快速診斷。酶聯免疫吸附實驗（又稱為酵素免疫分析法，Enzyme-linked immunosorbent assay, ELISA）具有特異、敏感、簡便、快速等優點，目前已被廣泛用於臨床病毒性疾病的快速診斷和流行病學調查。

小**博士** 解 說

血清學診斷：是用已知的病毒抗原檢查病人血清中有無相應抗體。IgM 抗體的檢測可以協助病毒性疾病的早期診斷；IgG 是免疫球蛋白 G（Immunoglobulin G, IgG）抗體的檢測則必須檢測急性期和恢復期雙份血清，若恢復期抗體效價比急性期增高 4 倍或 4 倍以上則有診斷的價值。常用的方法有放射免疫法、酶聯免疫吸附法、中和實驗、補體結合實驗、血凝抑制實驗等。中和實驗可用來檢查病毒感染之後或人工免疫之後身體血清中抗體增長情況，也可以用於鑒定病毒。補體結合實驗可以用於早期診斷。血凝抑制實驗的優點是經濟、簡便、快速、特異性較高，可以鑑別病毒型別與子型，常用於正黏病毒和副黏病毒感染的診斷和流行病學調查。從特異、敏感、安全、方便、快捷等角度來考量，臨床病毒性疾病的診斷有選擇 ELISA 的趨勢。

病毒核酸的檢測

核酸電泳技術	1. 有些病毒的核酸是分節段的，如正黏病毒屬的 A 型流感病毒有 8 個節段，B 型流感病毒有 7 個節段；呼腸病毒屬的病毒一般分為 10～12 個節段 2. 根據此一特性，可以從標本中直接萃取核酸，經過聚丙烯醯胺凝膠電泳（PAGE）並使用硝酸銀染色之後，直接觀察到不同的條帶，即不同的核酸節段。結合臨床表現即可以做出相關的臨床診斷
核酸雜交技術	1. 使用放射性核素或非放射性物質（例如地高辛等）標記的單鏈 DNA 片段基因探針（probe），與提純的病毒核酸，即待測的變性 DNA 加以雜交，再用放射自顯影技術或其他顯色法來確定與探針 DNA 是否具有同源性 2. 此技術不僅具有特異、快速及敏感的優點，而且能定量和分型常用方法有：斑點核酸雜交（dot blot hybridization）、細胞內原位雜交（in situ hybridization）、DNA 印跡雜交（Southern blot hybridization）和 RNA 印跡雜交（Northern blot hybridization）
核酸擴增技術	1. 當標本中核酸極微量難以檢出時，可以使用體外核酸擴增技術，使得 pg 層級的核酸於短時間之內達到 ng 的水準而被檢出 2. 近年來還發展成系列檢測方法，主要有：聚合酶連鎖反應（polymerase chain reaction, PCR）、連接酶連鎖反應、核酸序列擴增系統、轉錄依賴性擴增系統等
基因定序技術	1. 對經核酸擴增後所得到的產物做基因定序，並將所得結果與有關資料庫中的病毒基因做同源性的比較，即可以對感染病毒做出準確的判斷 2. 由於目前對已發現病毒的全基因組定序基本上已完成，有關資料庫可以提供充分的病毒基因組的資料，因此，此方法為臨床診斷提供了有效的診斷方式
基因晶片技術	1. 基因晶片的工作原理是將大量的探針分子固定於載體上（晶片、玻璃片、塑膠片等），然後與標記的樣品做雜交，透過雜交信號的強弱對標靶分子做質化或量化分析 2. 根據上述的原理，將已知的病毒生物探針或基因探針有秩序地排布在某一載體表面，與待檢樣品中的生物分子或基因序列互動，所獲得的信號經過電腦自動分析處理之後即可得到結果

2-8 病毒感染的檢查方法（三）

（五）標本的採集與送檢

1. 病毒分離鑑定一般採取發病初期或急性期標本。
2. 易於污染的標本使用抗生素。
3. 在採集標本之後應盡快低溫保存送檢。
4. 血清學診斷取患者早期和恢復期雙份血液：呼吸道感染：採鼻咽分泌物、痰液；腸道感染：採糞便；病毒血症：採血液；神經系統感染：採腦脊液。

（六）病毒的分離

病毒的分離培養有以下三種方法：動物接種（Animals）、雞胚培養（Embryonated eggs）、組織細胞培養（Organ and tissue culture）。

1. 動物接種：(1) 易感動物不同，常用動物有：小老鼠、大老鼠、豚鼠、兔、猴等；(2) 接種的途徑也有很多種，可以做皮下、皮內、腦內、腹腔、靜脈等接種；(3) 病毒感染至動物而導致動物出現感染的症狀，依據症狀來鑑定病毒或取病變組織做進一步的檢查。
2. 雞胚的培養：接種的途徑有：尿囊腔、羊膜腔、卵黃囊、絨毛尿囊膜，培養數天之後，觀察雞胚的情況或取培養物做進一步的鑑定。
3. 組織細胞培養：為分離病毒最常用的方法：(1) 原代細胞－來源於動物、雞胚、人胚組織細胞，對多種病毒敏感，但只能傳 2-3 代；(2) 二倍體細胞：在體外分裂 50-100 代後仍保持 2 倍體染色體數目的單層細胞；(3) 傳代細胞：能夠在體外無限傳代的細胞大多由癌細胞或二倍體細胞突變而來。

（七）病毒在培養細胞中增殖的徵象

細胞的變化：細胞病變效應（CPE）、細胞變圓、聚集、壞死、脫落、細胞融合（多巨核細胞）、形成包涵體等；紅血球的細胞吸附；病毒的干擾作用；細胞代謝改變（pH 值）；病毒感染細胞之後會形成嗜酸性或嗜鹼性包涵體；狂犬病毒感染之後在腦細胞的胞漿內出現嗜酸性圓形或橢圓形的包涵體，可以供輔助性診斷。

（八）病毒感染的血清學診斷

1. 中和實驗：病毒加上待檢的血清會影響組織細胞，細胞病變效應（cytopathologic effects, CPE）。
2. 血凝抑制實驗：病毒加上紅血球（雞、人等）會導致血凝的現象；病毒加上待檢血清加上紅血球會導致血凝現象消失。
3. 補體結合實驗

（九）病毒感染的快速診斷

1. 形態學：(1) 內視鏡和免疫內視鏡：直接觀察病毒；(2)X 光：包涵體
2. 病毒成分檢測：(1) 蛋白抗原：免疫螢光技術、酶免疫技術、放射免疫測定等；(2) 病毒核酸：核酸雜交、核酸擴增、基因晶片
3. 檢測病毒特異性 IgM 是免疫球蛋白 M（Immunoglobulin M, IgM）抗體。

病毒感染的特異性預防

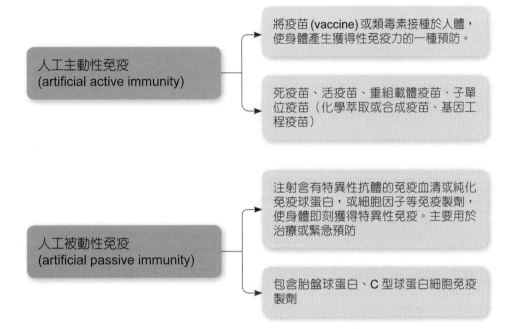

人工主動性免疫
(artificial active immunity)

將疫苗 (vaccine) 或類毒素接種於人體，使身體產生獲得性免疫力的一種預防。

死疫苗、活疫苗、重組載體疫苗、子單位疫苗（化學萃取或合成疫苗、基因工程疫苗）

人工被動性免疫
(artificial passive immunity)

注射含有特異性抗體的免疫血清或純化免疫球蛋白，或細胞因子等免疫製劑，使身體即刻獲得特異性免疫。主要用於治療或緊急預防

包含胎盤球蛋白、C 型球蛋白細胞免疫製劑

＋ 知識補充站
病毒感染的治療

1. 抗病毒化學製劑
   (1) 核苷類藥物（抑制病毒基因複製、抑制病毒基因轉錄）
   (2) 非核苷類反轉錄酶抑制劑
   (3) 蛋白酶抑制劑
   (4) 其他的藥物（金剛烷胺）
2. 干擾素及干擾素誘生劑的治療
3. 中草藥
4. 基因治療劑

2-9 抗病毒免疫（一）

身體抗病毒免疫回應可以分為天然的固有免疫及適應性免疫兩個層面，但是在體內這兩方面是不可分割並共同發揮功能的。

（一）固有的免疫

固有免疫在病毒感染的早期發揮主要的功能，包括皮膚黏膜的屏障功能、吞噬細胞的吞噬功能、NK 細胞的殺傷功能、體液中的補體及干擾素等抗病毒物質，其中干擾素和 NK 細胞尤為重要。

1. 干擾素：干擾素（Interferon, IFN）是由病毒或干擾素誘生劑（人工合成的雙鏈 RNA 等）誘導人或動物細胞產生的一類糖蛋白，具有抗病毒、抗腫瘤和免疫調節等生物學活性。是 Isaac 等在 1957 年研究病毒干擾現象時發現的，也是最先發現的一種細胞因子。

   干擾素的種類與性質：人類細胞產生的干擾素，根據其抗原性的不同可以分為 a、b 和 g 三種，分別由白血球、成纖維細胞和活化的 T 細胞產生，故又分別稱為白血球干擾素、成纖維細胞干擾素和免疫干擾素，前兩種屬 I 型，其抗病毒功能較免疫調節功能強，後一種屬於 II 型，其免疫調節功能比抗病毒功能強。

2. 干擾素的誘生：在正常的情況下，干擾素編碼基因處於抑制狀態，在病毒感染或干擾素誘生劑的運作下，透過解除抑制物而啟動干擾素編碼基因，轉錄出干擾素 mRNA，進而轉譯出干擾素。

3. 干擾素的抗病毒機制：干擾素不能失活病毒，其抗病毒功能是透過與鄰近正常細胞上的干擾素受體結合，形成的配體受體內化，啟動該細胞的抗病毒蛋白編碼基因，表達多種抗病毒蛋白，抑制病毒蛋白質的合成，於是發揮抗病毒的功能。常見的抗病毒蛋白有依賴 RNA 的蛋白激酶（RNA-dependent protein kinase R, PKR）、2'-5'腺嘌呤核苷合成酶（2'-5'AS）。前者可以降解病毒 mRNA，後者可以干擾病毒蛋白的起始翻譯。其結果均抑制病毒蛋白的合成，使病毒不能複製。干擾素的抗病毒功能還表現在抑制病毒吸附與穿入、脫殼、生物合成、裝配與釋放等階段，也透過誘導細胞 MHC 分子的表達，增強宿主的免疫反應等。

小博士解說

1. 抗病毒免疫就是身體針對病毒的免疫。包含細胞免疫、體液免疫等機體免疫模式。能夠有效地對抗、遏制、消除病毒對身體的感染和破壞。是身體適應自然環境的重要保證。

2. 干擾素的應用：目前，採用基因工程技術生產的干擾素製劑和干擾素誘生劑，已廣泛用於治療 HBV、HCV 和皰疹病毒感染，其中 IFNα 是目前唯一證實有效的慢性 B 型病毒性肝炎的免疫治療藥物。

干擾素的抗病毒機制

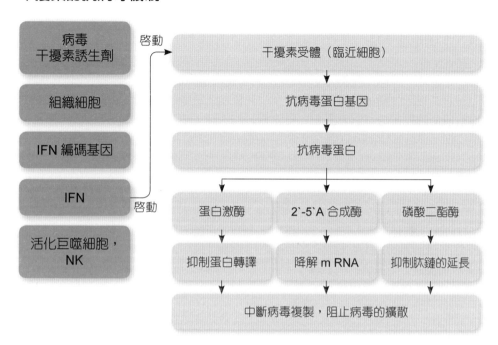

干擾素的分類

種類	產生的細胞	抗病毒	抗腫瘤	免疫的調節
IFN-a	人類白血球	強	弱	弱
IFN-b	人類成纖維細胞	強	弱	弱
IFN- g	T 細胞	弱	強	強

干擾素抗病毒的特點

廣譜性	干擾素幾乎可以抑制所有種類病毒的增殖，但是對已整合的病毒並無功能
間接性	干擾素不能直接抑制病毒的增殖，而是透過誘導細胞產生抗病毒蛋白來間接發揮功能
種屬的特異性	即一種動物所產生的干擾素只能在該種動物體內發揮其抗病毒功能，但是也有交叉的現象存在，例如猴子干擾素在人體內也有抗病毒的功能

2-10 抗病毒免疫（二）

（二）適應性免疫

體液免疫

1. 中和抗體：指能與病毒結合之後使之失去感染性的抗體，是由病毒表面的包膜蛋白、衣殼蛋白刺激身體所產生的。中和抗體的功能機制是：與宿主細胞表面的病毒受體競爭病毒抗原表位，阻止病毒的吸附；中和抗體與病毒形成的免疫複合物，會被巨噬細胞吞噬等清除。中和抗體的主要類型為：IgG 是免疫球蛋白 G（Immunoglobulin G, IgG）、IgM 是免疫球蛋白 M（Immunoglobulin M, IgM）、分泌型 IgA（SIgA,secretory IgA）。

   (1) IgG：出現較晚，持續時間較長，且中和功能較強，是主要的病毒循環中和抗體。IgG 的相對分子品質小，經由胎盤進入胎兒血循環，使新生兒有自然被動免疫。

   (2) IgM：具有消除病毒血症和阻礙病毒擴散的功能，其中和功能比 IgG 弱，但啟動補體能力比 IgG 強。IgM 出現較早、持續時間短、是近期感染的診斷依據。IgM 的相對分子品質大，又稱為巨球蛋白，不能經胎盤進入胎兒血循環，例如臍血或新生兒血中出現特異性 IgM，可以診斷為子宮內感染；sIgA：sIgA 比 IgM 稍晚出現，存在於黏膜分泌液中，是抵抗呼吸道和消化道病毒入侵的重要因素。

2. 補體結合抗體：由病毒內部抗原或病毒表面具有細胞融合功能的酶等刺激身體產生的抗體，其不能使病毒失去感染性，但是可以增強吞噬細胞的吞噬功能，即具有調理功能。補體結合抗體的檢測對某些病毒性疾病的診斷具有較大的意義。

3. 抗體介導對標靶細胞的功能：因為有包膜的病毒感染細胞之後，細胞膜會出現病毒編碼的蛋白，能與相應的抗體結合，在補體的參與之下裂解細胞；也會透過抗體依賴性細胞介導的細胞毒功能（ADCC）裂解與破壞病毒感染的細胞。在體內，ADCC 的抗病毒功能所占的地位尚未最終確定。

4. 抗體介導的促進功能（enhancement）：抗體與某些病毒結合之後，會促進病毒在感染細胞中的複製，例如登革病毒、呼吸道合胞病毒等。對抗體增強功能的機制還不明確。相關的實驗發現 IgG 抗體具有促進的功能，而 IgM 抗體則無此功能，推測可能當抗體與病毒結合之後，更多的病毒進入巨噬細胞而增殖，在細胞表面出現的病毒抗原激發了身體的免疫回應。其中，巨噬細胞釋放多種酶（例如蛋白激酶、凝血酶等），進一步啟動補體和凝血系統，釋放血管通透因子而引起一系列病理變化而發生嚴重的疾病。

小博士解說 細胞免疫

對細胞內的病毒，身體主要透過 CTL 及 T 細胞所釋放的淋巴因子來發揮抗病毒的功能。細胞免疫主要在病毒感染的局部發揮功能，其運作的方式為透過免疫細胞接觸標靶細胞之後，殺傷標靶細胞或在局部釋放細胞因子，因此檢測細胞免疫的技術比體液免疫複雜。

細胞免疫

殺傷性 T 細胞
（CTL）

1. CTL 的殺傷性功能具有病毒特異性，一般出現於病毒感染之後 7 天左右

2. 當 CTL 活性開始表現則 NK 細胞活性逐步降低。CTL 在接觸病毒感染的細胞之後，特異地識別與 MHC 分子結合標靶細胞表面的病毒抗原特異肽段

3. 在識別中還有一些附加因子，如 CD3、CD2 和一些黏附分子等

4. CTL 接觸標靶細胞後被啟動並釋放穿孔素及細胞毒素，穿孔素是一組酶的統稱，其功能類似於補體的 C9，導致標靶細胞出現許多小孔

5. 細胞毒素會啟動標靶細胞內的一些酶、細胞，或自身裂解，或發生凋亡。在多數病毒感染中，因為 CTL 可以殺傷標靶細胞達到清除或釋放在細胞內複製的病毒體，從而在抗體的配合下消除病毒

6. 被認為是使病毒感染恢復的主要機制

輔助性 T
（Th1、Th2）
細胞

1. Th1 細胞能合成 IL-2、IFNg、LT 等細胞因子，促進 CTL、NK 細胞及巨噬細胞的活化增殖，介導細胞毒效應

2. Th1 細胞可以促進 B 細胞增殖與分化，並產生抗體，參與體液免疫回應

3. 在病毒感染中已經發現，當患者的 Th 細胞有上述類型的轉換時，療程可以變化。Th 細胞功能低落則會影響身體的抗體產生及 CTL 的功能

2-11 病毒感染與免疫（一）

（一）病毒的感染

　　病毒在宿主體內的播散方式有以下三種：

1. 局部播散：病毒僅向入侵部位臨近的組織播散。
2. 經由血液播散：病毒在局部增殖，而引起病毒血症，經由血液來擴散。
3. 神經播散：病毒感染外圍的組織，經由神經纖維來播散。

（二）病毒的致病性與免疫性

1. 致病性
   (1) 病毒對宿主細胞的直接損傷：殺細胞的效應：其概念是指病毒在細胞內增殖導致宿主細胞裂解死亡。大多見於無包膜病毒；機制：
   　　① 病毒在短時間內大量內增殖，破胞釋放子代病毒。
   　　② 病毒編碼的早期蛋白可以抑制宿主細胞的大分子合成，使其代謝紊亂。
   　　③ 破壞宿主細胞的溶酶體使其水解酶釋放，引起細胞自溶。
   　　④ 病毒蛋白的毒性功能。
   　　⑤ 誘導細胞凋亡。
   (2) 細胞膜結構與功能的改變：穩定狀態感染：病毒在細胞內增殖以出芽方式逐個釋放出來，並不會破壞細胞，而且受到感染的細胞仍可以分裂繁殖。大多見於有包膜病毒。會引起宿主細胞膜的改變：
   　　① 細胞融合，形成多核巨細胞，使細胞功能障礙。
   　　② 細胞膜通透性異常影響胞內外的離子平衡及營養的攝取和廢物的排出。
   　　③ 細胞膜上出現新的抗原。
   (3) 細胞轉化：某些病毒在感染之後會將其核酸與細胞的染色體整合，而引起細胞某些遺傳性狀的改變稱為細胞轉化。發生惡性轉化會導致細胞癌變。
   (4) 形成包涵體
   　　① 基本概念：某些病毒細胞內增殖之後，在胞質或胞核內會形成普通顯微鏡下可以見到的圓形或橢圓形的斑塊狀結構。
   　　② 機制：包涵體由病毒顆粒和未裝配的病毒成分所組成，是病毒增殖留下的痕跡。
   　　③ 意義：根據包涵體的形態、部位（胞質或胞核內）、染色性（嗜酸性或嗜鹼性）幫助診斷某些病毒性疾病；包涵體會破壞細胞的正常結構和功能，有時還會引起細胞的死亡。
2. 病毒感染對宿主的免疫病理損傷
   (1) 體液免疫的損傷功能。
   (2) 細胞免疫的損傷功能。
   (3) 病毒抑制身體免疫功能：例如麻疹病毒感染時，皮膚結核菌素實驗由陽性反應轉化為陰性反應。HIV 對 CD4 加上 T 細胞的破壞使其數目減少，引起獲得性免疫缺陷症候群。

免疫性（抗病毒免疫）

非特異性免疫	1. NK 細胞 (1) 運作的時間：在病毒感染的早期，特異性免疫回應尚未形成之前發揮重要的功能。可以透過干擾素等被啓動 (2) 運作的對象：NK 細胞可以非特異性地殺傷病毒感染的細胞、腫瘤細胞和某些自身組織細胞 (3) 運作機制：NK 細胞透過釋放穿孔素、TNF，或活化標靶細胞的核酸內切酶等，發揮殺傷標靶細胞的功能 2. 干擾素 (1) 概念：是身體多種細胞受到病毒或干擾素誘生劑刺激之後，產生的一腫小分子糖蛋白，具有抗病毒、抗腫瘤和免疫調節等的功能 (2) 種類：α：白血球產生，β：成纖維細胞為 I 型干擾素：抗病毒功能較強，γ：T 細胞產生為 II 型干擾素，免疫調節功能較強 (3) 抗病毒的運作機制：間接抑制病毒複製，以及能啓動 NK 細胞和巨噬細胞，增強其對感染細胞的殺傷 (4) 干擾素抗病毒功能的特點：①廣譜性，干擾素對所有病毒均有相當程度的抑制功能；②間接性，干擾素不直接功能於病毒，而是透過誘導細胞產生抗病毒蛋白，間接發揮抗病毒的功能；③相對的種屬特異性，即同某種動物產生的干擾素只能對同種或有近緣關係動物的細胞發揮其抗病毒的功能。目前干擾素和干擾素誘生劑已經用於一些病毒感染的治療，已取得較好的療效。近幾年來，採用 DNA 重組技術解決了干擾素大量生產問題，為臨床的應用提供了有利的條件
特異性免疫	1. 體液免疫：中和抗體 (1) 概念：指能與游離的病毒結合消除病毒的感染力，阻止病毒擴散並介導殺滅和清除細胞外病毒的抗體 (2) Ig 類型：IgG、IgM、IgA 都有中和抗體的活性 (3) 運作機制：①直接封閉病毒抗原表位，或改變病毒表面構型，阻止病毒的吸附、侵入易感的細胞；②病毒與中和抗體形成的免疫合成物，可以被巨噬細胞所吞噬清除；③有包膜病毒與抗體結合可啓動補體致病毒裂解 2. 細胞免疫：對細胞內的病毒，主要依賴細胞免疫予以清除 (1) 殺傷性 T 細胞（CTL）：殺傷標靶細胞清除胞內的病毒是終止病毒感染的主要機制 (2) CD4$^+$Th1 細胞：釋放 IL-2、TNF-β、IFN-γ 等細胞因子，啓動巨噬細胞和 NK 細胞；誘發發炎症；促進 CTL 的增殖和分化等，在抗病毒感染中發揮重要的功能

2-12 病毒感染與免疫（二）

（三）病毒感染的類型

病毒在感染身體之後，依照病毒的種類、毒力的強弱和身體的免疫力不同，會表現出不同的臨床類型。

1. 隱性感染（次臨床感染）：(1) 概念：指病毒在侵入身體之後並不會引起臨床症狀。隱性感染者可以向外排毒至傳染來源，隱性感染可以獲得對該病毒的特異性免疫力，但是可以向外界排放病毒而成為傳染的來源。(2) 原因：可能是侵入身體的病毒的毒力較低或數量較少，或身體的免疫力較強，病毒在體內不能大量增殖，對細胞和組織的損傷並不明顯（例如：脊髓灰質炎病毒（小兒麻痹症 poliovirus），在流行期間，有 99% 的感染率，有 1% 的發病率）。

2. 顯性感染：(1) 其概念是指身體在感染病毒之後，因為組織細胞損傷嚴重而引起明顯的臨床症狀；(2) 原因：身體免疫力較低、病毒的毒力較強，數量較大。病毒進入標靶細胞內大量快速增殖，導致標靶細胞遭到破壞；(3) 部位：局部感染、全身感染；(4) 類型：急性感染、持續性感染、次急性感染、慢性感染。例如：HAV －消化道－肝臟。

   (1) 急性感染：身體在感染之後，潛伏期較短，發病較急，療程數日至數週。病癒之後體內不再有病毒存在，並獲得特異性免疫。

   (2) 持續性感染：病毒在體內存在的時間較長，會持續數月至數年，甚至數十年。症狀會可有可無，可重可輕，可以成為長期帶病毒者，既是重要敵傳染來源，又會引起慢性進行性疾病。根據致病機制及臨床表現，又可以分為下列四種：

   ① 慢性感染：顯性或隱性感染之後，病毒並未被完全清除，會持續地存在於血液或組織中並不斷排出體外，臨床症狀輕重不等，時有時無，例如慢性 B 型肝炎。

   ② 潛伏性感染（Latent infection）：某些病毒在急性、顯性或隱性感染之後，病毒基因組會潛伏在身體的特定組織或細胞內不增殖，也不會引起臨床症狀。但是在多種因素的刺激之下，病毒會被啟動而增殖，出現顯性感染，且在原發感染處出現復發感染。皰疹病毒屬的病毒均會引起潛伏感染。潛伏性感染包括單純皰疹病毒（HSV-1）與水痘帶狀皰疹病毒（VZV）。

   ③ 慢性病毒的感染（chronic infection ,slow virus infection）：病毒在顯性或隱性感染身體之後，病毒會持續地存在血液或組織中，會有很長時間的潛伏期，可以達數月、數年甚至數十年之久，一旦出現臨床症狀，則呈現次急性進行性加重，最後會導致患者死亡。例如人類免疫缺陷病毒所引起的愛滋病（AIDS），朊粒所引起的庫魯病、克雅菲病等屬此類感染。可以檢測到病毒與抗體。例如：B 肝病毒 HBV －身體－慢性進行性；EB 病毒（Epstein-Barr virus, EBV）－ 15 － 20％ 年輕人，麻疹病毒（SSPE），庫魯病；口腔中會檢測到病毒。

   ④ 急性病毒感染的遲發併發症：是某些病毒急性感染後數年後發生的致死性病毒病，例如兒童期間感染麻疹病之後，到青春期才發作的次急性硬化性全腦炎，表現為中樞神經系統疾病，在腦組織中使用電子顯微鏡可以查到麻疹病毒。

潛伏性感染

身體的抵抗力下降

單純皰疹病毒 (HSV-1)

↓

唇皰疹（原發感染）

↓

三叉神經節潛伏
（身體並無症狀）並無病毒排出

↓

病毒增殖

↓

感覺神經纖維末梢

↓

皮膚黏膜

持續性感染

病毒顯性或隱性感染身體之後會持續存在較長的時間，甚至攜帶終身	會出現各種臨床表現，成為重要的傳染來源
機制	病毒抗原太弱，病毒抗原發生變異，病毒基因整合於宿主細胞染色體上
分類	慢性感染、潛伏性感染、慢發病毒感染

＋ **知識補充站**

病毒的毒力為病毒侵入身體，在細胞內大量增殖的能力。

病毒感染對免疫系統的影響

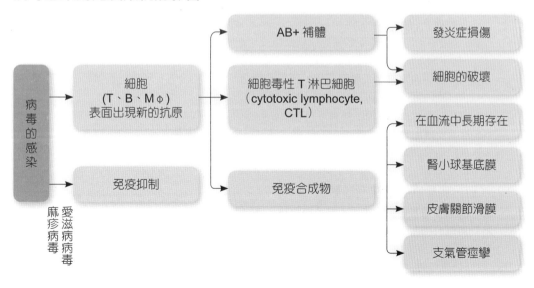

2-13 病毒感染的檢測

（一）標本的採取與運送

1. 用於分離培養的標本：遵循「早採」、「冷藏」、「快速」的原則。爲急性期、不同部位的標本；防止病毒失活（低溫運送、冷藏）、防止標本污染（加抗生素）。
2. 血清學檢查的標本：應採集急性期和恢復期雙份血清。

（二）檢測的方法

病毒感染的快速檢查方法：

1. 形態學檢查法
   (1) 光學顯微鏡檢查：用於大型病毒顆粒（例如痘類病毒）和病毒包涵體的檢查。
   (2) 電子顯微鏡和免疫電子顯微鏡檢查：觀察病毒顆粒的大小和形態，幫助早期診斷。常用於糞便標本檢查 A 型肝炎病毒、輪狀病毒；血液中檢查 B 型肝炎病毒顆粒。
   (3) 病毒核酸檢查法：其特點爲：比電子顯微鏡、免疫酶等技術更特異、敏感、快速
      ① 病毒核酸雜交：原理：由於核酸有在一定條件下雙鏈可以解離和重組合的性質，以標記的單鏈核酸作探針與待測單鏈 DNA 發生重新結合，可以檢測標本中同源或部分同源的病毒核酸。方法：常用的有原位雜交、斑點雜交及印跡法等。
      ② PCR 技術：是體外基因擴增技術，能在短時間內使目的基因擴增數百萬倍，可檢測微量的病毒核酸。
2. 病毒的分離培養與鑒定
   (1) 動物接種：根據病毒種類的不同，選擇敏感動物的適宜途徑及部位來接種，以觀察動物發病、死亡作爲感染的指標。
   (2) 雞胚培養：按照病毒種類的不同，可以接種於不同日齡（9 ～ 14 天）雞胚的不同部位，觀察雞胚的變化及採取相關的組織或囊液來做檢查鑒定。是一種比較經濟而簡便的病毒培養的方法。
   (3) 組織細胞培養：使用離體的活組織塊或活細胞培養病毒的方法，是目前培養病毒最常用的方法。病毒增殖的鑒定指標主要有：
      ① 細胞病變效應：細胞圓縮、聚集、融合、壞死和脫落、形成包涵體等，稱爲細胞病變效應，可以在顯微鏡下觀察。
      ② 紅血球吸附：流感病毒等感染後於細胞膜上出現血凝素，可以吸附動物紅血球。
      ③ 干擾現象：例如先感染的病毒干擾後感染病毒的複製。
      ④ 培養液的 pH 值改變：對病毒進一步鑒定分類需要使用特異性抗體來做血清學鑒定。

（三）病毒感染的快速診斷

1. 形態學：電子顯微鏡和免疫電子顯微鏡：直接觀察病毒；光學顯微鏡：包涵體。
2. 病毒成分檢測
   (1) 蛋白抗原：免疫螢光技術、酶免疫技術放射免疫測定等。
   (2) 病毒核酸：核酸雜交、核酸擴增、基因晶片。
3. 檢測病毒特異性 IgM 是免疫球蛋白 M（Immunoglobulin M, IgM）抗體。

用於病毒分離的細胞

細胞的種類	可以分離的病毒
原代細胞	
非洲綠猴腎細胞、人單核細胞、人胚腎、肺細胞、恒河猴獼猴腎細胞、二倍體細胞株	HSV、RSV、VZV、腮腺炎病毒、風疹病毒；HIV、HTLV、HHV-6；腮腺炎病毒、腺病毒；ECHO、脊髓灰質炎病毒、柯薩奇 A、B 組、RSV
人胚肺成纖維細胞株；WI-38、MRC—5 傳代細胞系	CMV、VZV、鼻病毒；腮腺炎病毒、腺病毒
Hela、Hep-2、Vero	柯薩奇 A、B 組、RSV；腺病毒、RSV HSV、RSV、風疹病毒、輪狀病毒、麻疹病毒

標本的採集與送檢

毒分離鑑定	一般採取發病初期或急性期標本
易於污染的標本	使用抗生素
在採集標本之後	應盡快地做低溫保存送檢
血清學診斷	取患者早期和恢復期雙份血液：呼吸道感染—採鼻咽分泌物、痰液；腸道感染—採糞便；病毒血症—採血液；神經系統感染—採腦脊液

細胞培養：分離病毒最常用的方法

原代細胞	來源於動物、雞胚、人胚組織細胞，對多種病毒敏感，但是只能傳 2-3 代
二倍體細胞	在體外分裂 50-100 代後仍然保持 2 倍體染色體數目的單層細胞
傳代細胞	能夠在體外無限傳代的細胞大多由癌細胞或二倍體細胞突變而來

病毒感染的血清學診斷

中和實驗	病毒加上待檢的血清會影響組織的細胞，要觀察細胞病變效應（cytopathic effect, CPE）
血凝抑制實驗	病毒加上紅血球（雞、人等）會導致血凝現象；病毒加上待檢血清加上紅血球會導致血凝現象消失
補體結合實驗	

＋ 知識補充站

1. 狂犬病毒感染後在腦細胞的胞漿內出現嗜酸性圓形或橢圓形的包涵體，可供輔助性診斷。
2. 病毒的分離培養：包括動物接種（Animals）、雞胚培養（Embryonated eggs）、組織細胞培養（Organ and tissue culture）三種。
3. 雞胚培養之接種途徑為尿囊腔、羊膜腔、卵黃囊、絨毛尿囊膜；在培養數天後，觀察雞胚情況或取培養物做進一步的鑑定。
4. 病毒在培養細胞中增殖的徵象（細胞的變化）：細胞病變效應（CPE）、細胞變圓、聚集、壞死、脫落、細胞融合（多重巨核細胞）、形成包涵體等、紅血球吸附、病毒的干擾功能、細胞代謝的改變（pH 值）。

2-14 病毒感染與免疫預防

（一）病毒感染的途徑

1. 水平傳播：病毒在人群之中不同個人之間的傳播，稱為水平傳播。其主要的途徑有：
   (1) 呼吸道：SARS 冠狀病毒、流行性感冒病毒、麻疹病毒、風疹病毒等。
   (2) 消化道：A 型肝炎病毒、脊髓灰質炎病毒、輪狀病毒等。
   (3) 接觸傳播：皰疹病毒、人類乳頭瘤病毒、人類免疫缺陷病毒等。
   (4) 皮膚破損：登革熱病毒、B 型腦炎病毒、森林腦炎病毒、狂犬病病毒等。
   (5) 血液傳播：人類免疫缺陷病毒、B 肝病毒、C 肝病毒、巨細胞病毒等。
2. 垂直傳播：病毒直接由親代傳給子代的方式，稱為垂直傳播。傳播途徑：胎盤、產道。
   人類免疫缺陷病毒、B 肝病毒、C 肝病毒、巨細胞病毒、風疹病毒等。

（二）病毒感染的類型

1. 隱性感染：不會引起臨床症狀，可以成為重要的傳染來源，也稱為子臨床感染
   （inapparent or subclinical infection），是更為重要的傳染來源。
2. 顯性感染：病毒在宿主細胞內大量增殖引起明顯的臨床症狀。依部位分為：局部和
   全身性感染；依病毒在身體內滯留的時間分為：急性感染（潛伏期較短，發病較急，
   療程較短，病後體內不留病毒）和持續性感染。

（三）免疫預防

1. 人工被動性免疫：人工被動性免疫是注射含有特異性抗體的免疫血清、純化免疫球
   蛋白抗體、細胞因子或導致過敏的免疫細胞等，使身體立即獲得特異性免疫，因而
   運作及時。人工被動性免疫主要用於急性傳染病的治療或緊急預防。
   (1) 復健期患者血清或高效價比免疫血清：即含有病毒抗原特異性抗體的血清，例
       如抗狂犬病病毒高效價比免疫血清預防狂犬病。
   (2) 胎盤（丙種）球蛋白（immune serum globulins）：胎盤球蛋白是從健康產婦的
       胎盤和嬰兒臍帶血液中萃取而製成，主要含有 C 種球蛋白。胎盤球蛋白主要用
       於麻疹、A 型肝炎、脊髓灰質炎等病毒性疾病的緊急預防。
   (3) 細胞因子製劑（cytokines）：細胞因子製劑可以用於一些病毒性疾病和腫瘤中，
       例如轉移因子（transfer factor, TF）、干擾素、IL-2、LAK 細胞（lymphokine-
       activated cell）等。
2. 人工主動性免疫：將疫苗（vaccine）接種於人體，使之產生獲得性免疫力。失活疫
   苗（inactivated vaccine）：選擇免疫原性較強的細菌，經由人工大量培養之後，使
   用理化方法來殺死，但是仍然保留抗原性而製成的生物製劑。常用的失活疫苗有 B
   型腦炎疫苗、狂犬病疫苗、流感失活疫苗等。

持續性感染

慢性感染	1. 在顯性或隱性感染之後，病毒並未完全清除，仍然帶毒、排毒
	2. 並無或有輕微的臨床症狀，但是可以分離培養或檢測出病毒。療程較長。例如慢性 B 型肝炎及人類免疫缺陷病毒感染等
潛伏性感染	1. 在急性或隱性感染之後，病毒基因組存在細胞內，不會產生感染性病毒顆粒，並無臨床的症狀，不會排毒，一般的方法查不到病毒（潛伏期或非發作期）
	2. 病毒受到啓動而增殖，進入發作期
	3. 例如水痘：帶狀皰疹病毒初次感染兒童會引發水痘，長期潛伏於人體，患者成年之後在抵抗力降低時，會誘發帶狀皰疹
慢發病毒感染	1. 或稱為遲發感染，潛伏期很長，病情呈現慢性進行性，終為致死性感染
	2. 可以分為常見病毒組和非常見病毒（或子病毒）組兩類
	3. 可以由尋常病毒和非尋常病毒（或朊粒）所引起

人工主動性免疫

減毒活疫苗 (live-attenuated vaccine)	1. 是指從自然界發掘，或透過人工培育篩選，或透過基因突變或重組，將病原體的毒力降低到足以產生模擬自然發生的隱性感染，誘發理想的免疫回應而又不產生臨床症狀的一類疫苗
	2. 例如牛痘苗、脊髓灰質炎活疫苗、風疹疫苗等
子單位疫苗 (subunit vaccine)	1. 不含有病原體核酸，僅含有能誘發宿主產生中和抗體的病毒蛋白或表面抗原的疫苗
	2. 例如 B 肝疫苗
核酸疫苗 (nucleic acid vaccine)	核酸疫苗也稱為 DNA 疫苗或基因疫苗，是將能編碼引起保護性免疫回應的病原體免疫原基因片段複製到真核質粒表達載體上，然後直接注射入宿主體之內，以表達目的免疫原，進而誘發保護性體液免疫和細胞免疫的新型疫苗

✚ 知識補充站

1. 持續性感染：病毒持續存在體內，可以有或無臨床症狀而長期攜帶病毒，為重要的傳染來源。
2. 持續性感染的原因：一是病毒因素，基因缺陷或病毒變異、病毒基因整合、病毒侵犯免疫細胞導致身體不能形成有效的免疫回應等；二是宿主因素，遺傳因素、抗體或細胞免疫功能異常，不能產生有效的免疫回應。

第 3 章
呼吸道感染病毒

1. 掌握流行性感冒病毒的生物學性狀

2. 熟悉呼吸道病毒的致病性

3. 瞭解呼吸道病毒的防治原則

3-1　概論

　　呼吸道感染病毒（Respiratory viruses）是指以呼吸道為主要的傳播途徑，在呼吸道黏膜上皮細胞增殖致病，或進一步引起呼吸道以外組織器官感染的病毒。90 ～ 95% 人類急性呼吸道感染由病毒所引起。呼吸道病毒傳染源主要是病人及病毒攜帶者，經由飛沫傳播，速度較快，傳染性較強，所導致的疾病潛伏期均較短，患者大多為兒童。病毒侵犯上、下呼吸道黏膜並在其中增殖，破壞局部的纖毛上皮，纖毛運動會停止，產生各種的呼吸道症狀，易於繼發細菌感染。常見的呼吸道感染病毒參見右表。

　　此外，腸道病毒中柯薩奇病毒、人類腸道致細胞病變的孤兒病毒（enteric cytopathic human orphan virus, ECHO）及呼腸病毒的某些型、皰疹病毒Ⅰ型、巨細胞病毒等也會引起呼吸道感染，例如咽炎、普通感冒、上呼吸道感染等。

（一）概論

1. 正黏病毒科：流感病毒。
2. 副黏病毒科：麻疹病毒、腮腺炎病毒、副流感病毒、呼吸道合胞病毒（RSV）。
3. 冠狀病毒科：冠狀病毒。
4. 其他：腺病毒、風疹病毒、鼻病毒、呼腸病毒。
5. 新變種：感染人的禽流感病毒、新型冠狀病毒、偏肺病毒。
6. 為常見的呼吸道病毒及所引起的主要疾病。

（二）特點

1. 為飛沫傳播，口 - 口途徑，侵犯呼吸道黏膜上皮細胞。
2. 傳染性較強、波及的範圍相當廣泛、民眾的感染率較高。
   (1) 會引起世界性大流行，例如 A 型流感。
   (2) 會引起嚴重併發症，例如流行性腮腺炎、風疹。
3. 具有「一病多因」和「多病同因」的致病特點。
4. 同一類病毒會反覆感染。其原因為病毒易變異（A 型流感），或免疫力不持久（鼻病毒、副流感病毒等）。
5. 使用疫苗預防效果顯著。
6. 傳染源為病人及病毒攜帶者。
7. 潛伏期較短，發病較急。
8. 感染會發生在呼吸道任何水準。
9. 病後的免疫力並不牢固。

小博士 解說

1. 呼吸道病毒：呼吸道病毒指的是大量的病毒可以透過呼吸道來感染人體。
2. 呼吸道病毒引起的急性呼吸道感染率在 90% 以上。

常見呼吸道病毒及其所引起的疾病

科	種	所導致的主要疾病
正黏病毒	A、B、C 型流感病毒	流感
副黏病毒	副流感病毒 1，2，3，4，5 型	普通感冒，小兒支氣管炎
	麻疹病毒	麻疹
	呼吸道合胞病毒	嬰兒支氣管炎、支氣管肺炎
	腮腺炎病毒	流行性腮腺炎
披膜病毒	風疹病毒	風疹、先天性風疹症候群
小 RNA 病毒	鼻病毒	普通感冒，急性上呼吸道感染
冠狀病毒	冠狀病毒	急性上呼吸道感染及普通感冒
	SARS 冠狀病毒	嚴重急性呼吸症候群（SARS）
腺病毒	腺病毒	支氣管炎、肺炎、結膜炎、扁桃腺炎

呼吸道病毒的分類

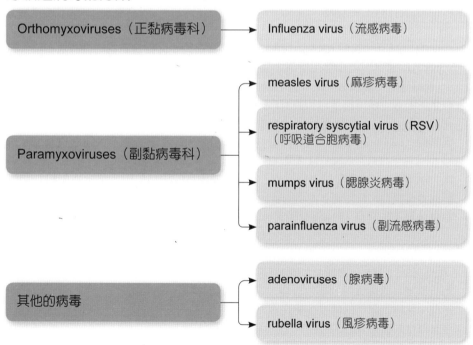

3-2　流行性感冒病毒（一）

流行性感冒病毒（Influenza virus）簡稱爲流感病毒，屬於正黏病毒科。黏病毒是指對人或某些動物紅血球表面的黏蛋白有親和性的病毒，正、副黏病毒的區分以其核酸是否分節段爲標準，分節段者爲正黏病毒，不分節段者爲副黏病毒，正黏病毒科只有流行性感冒病毒一個種。流行性感冒病毒是引起人類流行性感冒（流感）的病原體，也會引起禽、豬等動物的感染。包括 A、B、C 三個型，會引起人和動物的流感。A 型是傳播及全球、流行頻繁的重要病原體；B 型致病性低，僅局部暴發；C 型主要爲侵犯嬰幼兒和免疫力低落的族群，很少流行。

（一）生物學的性狀

1. 形態與結構：流感病毒一般爲球形，有時會呈現絲狀或桿狀。病毒直徑大約爲 80 ～ 120nm。流感病毒由核衣殼和包膜所構成。

   (1) 核心：流感病毒的核酸爲單股負鏈 RNA，分節段，A、B 型流感病毒爲 8 個節段，C 型爲 7 個節段。每一節段即爲一個基因，分別編碼相應的蛋白。流感病毒基因易於發生重組而導致新病毒株的出現，這是流感病毒容易發生變異而出現流感大流行的主要原因。

   (2) 衣殼：流感病毒的衣殼由核蛋白構成。核蛋白與 3 種 RNA 多聚酶（PB2、PB1、PA）一起與 RNA 節段形成核糖核蛋白體，即螺旋對稱的核衣殼。核蛋白的抗原穩定，很少發生變異，具有型特異性。根據核蛋白抗原性的不同，可以將流感病毒分爲 A、B、C 三型。

2. 分類與變異：根據核蛋白和膜蛋白抗原的不同，流感病毒被分爲 A（A）、B（B）和 C（C）三型；各型流感病毒又根據其表面血凝素（hemagglutinin, HA）及神經氨酸酶（neuraminidase, NA）抗原性的不同再分爲若干子型。目前已發現 HA 有 15 型（H_1 ～ H_{15}）、NA 有 9 型（N_1 ～ N_9）。人類之間流行的子型主要是由 H_1、H_2、H_3 和 N_1、N_2 所組成。從世界上過去流感流行的資料分析，認爲 B 型和 C 型流感病毒抗原性比較穩定，A 型的表面抗原 HA、NA 最易於變異，二者會同時變異，也會分別發生。自 1934 年分離出 A 型流感病毒以來，已經發生多次世界性的大流行及大流行期間的小流行。其流行規模的大小，主要取決於病毒表面抗原，即 HA 和 NA 的變異幅度大小。若抗原變異幅度小，屬於數量的改變，稱爲抗原性漂移（antigenic drift），會使 HA 或 NA 抗原表位發生某些改變，而引起中小規模流行。若抗原變異幅度大，則屬於質變，稱爲抗原性轉變（antigenic shift），會形成新的子型，此種抗原性的轉變促使民眾原有的特異性免疫力失效，因此會引起大規模甚至全球性的流感流行。

血凝素

Flu（HA）+（接收器）-RBC – 動物 & 人類
N- 乙醯神經氨酸

BRC agglutiate （血凝）
flu（HA）+ HA-Ab + RBC

BRC inagglutiate （血凝抑制）

包膜

血凝素	1. 呈現柱狀，為三聚體，占病毒蛋白的 25%，與病毒吸附和穿入宿主細胞有關
	2. 每一個單體的原始肽鏈 HA_0 必需經過細胞蛋白酶裂解活化，形成二硫鍵連接的 HA_1 和 HA_2 兩個子單位，病毒才具有感染性
	3. HA_1 可以與上皮細胞表面寡聚糖末端的唾液酸受體結合；HA_2 疏水端具有膜融合活性，因而病毒經由 HA_1 吸附被吞飲之後，HA_2 會促進病毒包膜與內體膜的融合釋放核衣殼
	4. HA 能與人、雞、豚鼠等多種紅血球表面 N-B 醯神經氨酸（唾液酸）受體結合引起紅血球凝集（簡稱血凝）
	5. HA 具有免疫原性，為保護性抗原，其誘導的相應抗體稱血凝抑制抗體，能夠抑制血凝現象和中和病毒感染性，為保護性抗體
神經氨酸酶	1. 由四個子單位所組成的四聚體，呈現為蘑菇狀，頭部含有酶活性中心和四個抗原位點
	2. 酶活性作用於宿主細胞表面糖蛋白末端神經氨酸與相鄰糖基的連結鏈，使其斷裂，破壞細胞膜上病毒特異性受體，使病毒從感染細胞膜上解離，有利於成熟病毒的釋放和集聚病毒的擴散
	3. NA 具有抗原性，其相應抗體能抑制酶的水解作用，但是不能中和病毒的感染性

3-3 流行性感冒病毒（二）

3. 培養的特性：目前常用雞胚細胞羊膜腔或尿囊腔接種來分離流感病毒。一般初次分離應先接種羊膜腔，傳代接種於尿囊腔，使用血凝實驗可以判斷羊水或尿囊液中有無病毒生長。組織細胞培養一般使用猴腎、狗腎來傳代細胞、原代人胚腎細胞分離培養。人流感病毒能感染多種動物，但是只有雪貂的表現類似於人類流感。

4. 抵抗力：流感病毒抵抗力較弱，不耐熱，56°C，30 分鐘即被失活，在室溫下感染性會很快地消失；對乾燥、日光、紫外線及 B 醚、A 醛等敏感；酸性條件下更易於失活；在 -70°C 或冷凍乾燥後活性可以長期保存。

（二）致病性與免疫性

1. 致病性：患者為流感病毒的主要傳染來源，其次是隱性感染者。病毒透過飛沫或污染的手、用具等傳播。病毒侵入易感者呼吸道，在黏膜上皮細胞增殖，引起細胞變性，壞死脫落等病變，導致上呼吸道局部發炎症。流感病毒很少入血，但會釋放內毒素狀物質進入血流，引起發燒、頭痛、肌肉酸痛、白血球數目下降等全身中毒症狀。流感病毒感染之後一般在數天之內會自愈，但是幼兒或年老體弱病人易於繼發細菌感染，例如合併肺炎等，其病死率較高。A 型會引起流行，B 型會在局部爆發，C 型主要侵犯嬰幼兒，很少會流行。病毒經由飛沫，在人與人之間直接傳播，其傳染性較強。

2. 免疫性：身體感染流感病毒後，能產生對同型病毒的免疫力，獲得的特異性分泌型（sIgA）在阻止呼吸道局部的病毒感染中發揮主要的功能。產生的血清免疫球蛋白 M（Immunoglobulin M, IgM）和免疫球蛋白 G（Immunoglobulin G, IgG）抗體具有中和作用。抗 HA 中和抗體，能夠阻止病毒侵入易感細胞，在抗感染中發揮重要的功能；抗 NA 抗體，並無中和作用，但是能減少細胞排毒和病毒擴散。同時產生的特異性 CTL 可以殺傷流感病毒感染的標靶細胞，在促進受染身體的康復方面發揮重要的功能。

小博士解說

1. 培養的特性：羊膜腔（初次分離）、尿囊腔（傳代 V）；細胞培養：人胚腎細胞 CPE(-) 血吸附 (+)。
2. 抵抗力不強，對乾燥、紫外線、乙醚、乳酸敏感。
3. 及時發現和隔離病人 流感病毒傳染性強，播散迅速，在易感族群中易形成大流行，所以應積極地做好檢測的工作。
4. 疫苗接種：流感疫苗有失活疫苗和減毒活疫苗，但因為流感病毒抗原易變，及時掌握變異動態及選育毒株使製成的疫苗抗原性與流行株相同或近似極為重要。子單位疫苗和基因工程疫苗正在研製中。
5. 藥物治療：尚無特效的方法，金剛烷胺對 A 型流感病毒的穿入和脫殼有抑制的功能，在預防和早期治療上有相當程度的效果，但此藥能引起中樞神經症狀和耐藥毒株出現並未被廣泛使用。目前主要是對症治療以及預防細菌的繼發感染。此外，金銀花、板藍根、大青葉等中藥在減輕症狀、縮短療程方面有相當程度的效果。

培養的特性

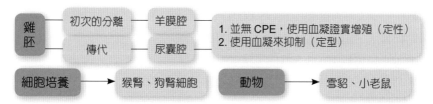

雞胚 ─── 初次的分離 ─── 羊膜腔
       └── 傳代 ────── 尿囊腔 ── 1. 並無 CPE，使用血凝證實增殖（定性）
                              2. 使用血凝來抑制（定型）

細胞培養 ──→ 猴腎、狗腎細胞   動物 ──→ 雪貂、小老鼠

流行性感冒病毒的致病性與免疫性

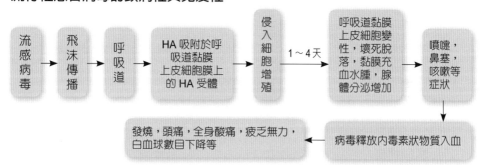

流感病毒 → 飛沫傳播 → 呼吸道 → HA 吸附於呼吸道黏膜上皮細胞膜上的 HA 受體 → 侵入細胞增殖 → 1～4天 → 呼吸道黏膜上皮細胞變性、壞死脫落，黏膜充血水腫，腺體分泌增加 → 噴嚏，鼻塞，咳嗽等症狀

發燒，頭痛，全身酸痛，疲乏無力，白血球數目下降等 ← 病毒釋放內毒素狀物質入血

A 型流感病毒抗原的變異情況

流行年代	病毒子型	HA	NA	代表病毒株 *
1934 ～ 1946	A 型（原 A 型）	H0	N1	A/PR/8/34（H0N1）
1946 ～ 1957	A1 型（子 A 型）	H1	N1	A/FM/1/47（H1N1）
1957 ～ 1968	A2 型（子洲 A 型）	H2	N2	A/Singapore/1/57（H2N2）
1968 ～ 1997	A3 型（香港 A 型）	H3	N2	（H2N2）
1977 ～	A1 型（子 A 型）	H1	N1	A/Hong Kong/1/68（H3N2） A/USSR/90/77（H1N1）

* 代表病毒株：型別 / 病毒分離地點 / 毒株序號 / 分離年代（子型）；例如：A/Hong Kong/1/68（H3N2）A 型 / 香港 /1/1968 年 /A3 型

微生物學檢查

病毒分離培養與鑒定	1. 取病人鼻咽洗液或含漱液經抗生素處理後，接種於雞胚羊膜腔及尿囊腔內培養，取羊水或尿囊液做血凝實驗，檢查有無病毒增殖 2. 若實驗為陰性反應，需要在雞胚中盲目傳代三次之後再實驗。若血凝實驗為陽性反應，可以使用已知流感病毒各類特異性抗體與新分離病毒來做血凝抑制實驗，鑒定類別
血清學實驗	1. 取病人急性期（發病 3 天內）和恢復期（發病 2 ～ 4 週）雙份血清，與已知各子型流感病毒做血凝抑制實驗或其他實驗 2. 恢復期血清的抗體效價比是急性期的 4 倍或以上，具有診斷的價值
快速診斷	1. 免疫螢光技術直接檢測鼻分泌物中病毒抗原，能夠達到快速診斷的目的 2. 聚合酶鏈鎖反應（Polymerase chain reaction, PCR）、核酸雜交或序列分析等方法可以檢測流感病毒核酸及分類

3-4 副黏病毒：麻疹病毒

（一）副黏病毒（paramyxovirus）的共同特點

1. 球形或多形性，直徑為 150 ～ 300nm，呈現螺旋對稱。
2. 核酸為單負鏈 RNA，不分節段，不易變異，抗原性穩定。
3. 基因組編碼多種蛋白。
4. 不同病毒包膜刺突不同（F 蛋白為共有，具有融合活性和溶血活性）：
   (1) 副流感，腮腺炎病毒為 HN 蛋白。
   (2) 麻疹病毒為 H 蛋白。
   (3) RSV 為 G 蛋白皆與血凝吸附有關。
5. 在細胞質內複製，出芽方式釋放；突山的特點為傳染性較強，抗原相對地穩定。
6. 類似於正黏病毒，但是比正黏病毒大。
7. 刺突有兩種：
   (1) HN 蛋白（具有 HA 和 NA 的功能）。
   (2) HA 蛋白（具有血凝和細胞融合的功能）。
8. 細胞培養大多有細胞病變效應（CPE）。

（二）麻疹病毒

　　麻疹病毒（measles virus）是引起麻疹的病原體。麻疹是兒童常見的一種急性呼吸道傳染病，其臨床特徵為發燒、上呼吸道發炎症、結膜炎、口腔黏膜斑及全身丘疹等。

1. **生物學性狀**：麻疹病毒呈現球形或絲形，直徑為 120 ～ 250nm。其核酸為單股負鏈 RNA，不分節段；衣殼呈管狀螺旋對稱結構包繞著核酸；衣殼外包裹著包膜，包膜上有 H 和 F 兩種糖蛋白刺突，前者能夠凝集猴、狒狒等動物的紅血球，後者具有溶解紅血球及引起細胞融合的活性，會引起多核巨細胞病變。麻疹病毒只有一個血清型，因而抗原性較為穩定，但是從 1980 年代以來，各國都有關於麻疹病毒抗原性變異的報導。除了靈長類動物之外，一般動物都不易於感染。在人胚腎、人羊膜細胞及海拉細胞（HeLa cell）等多種傳代細胞中可以增殖，出現細胞病變，形成多核巨細胞，並在致病變細胞的核內和胞質內形成嗜酸性包涵體。麻疹病毒對理化因素的抵抗力較弱，加熱 56℃，30 分鐘和一般消毒劑均易於將病毒失活。

2. **致病性與免疫性**：麻疹患兒是傳染來源。病毒存在於鼻咽和眼分泌物中，透過用具、玩具、飛沫等傳播，其傳染性較強，潛伏期為 9 ～ 12 天（平均為 10 天），患者從潛伏期到出疹期均會有傳染性。病毒會侵入易感者的上呼吸道及周圍淋巴結做增殖，在入血之後形成第一次病毒血症，會出現發燒、咳嗽、眼結膜充血等症狀，口腔黏膜會出現中心灰白、周圍紅色的 Koplik 斑點。病毒隨著血流到達單核 - 巨噬細胞系統內增殖，3 ～ 5 天後再次釋放入血形成第二次病毒血症。繼而病毒進一步播散至全身皮膚黏膜的微血管周圍增殖（有時會達到中樞神經系統），損傷血管內皮，全身相繼出現皮疹。若無併發症，數天後紅疹會消褪，麻疹自然痊癒。年幼體弱的患兒易於伴發細菌感染，會引起支氣管炎，肺炎和中耳炎等。麻疹是一種急性傳染病，但是個別患者會表現為慢發病毒感染，在麻疹治癒之後數年出現子急性硬化性全腦炎（SSPE），該病表現為精神異常，最後因為痙攣、昏迷而死亡。在患者腦神經細胞及膠質細胞中可以檢測到麻疹病毒核酸和抗原，在電子顯微鏡下可以看到核衣殼及包涵體。麻疹病毒感染之後會獲得牢固免疫力，一般並不會出現二次感染。

麻疹病毒的致病性與免疫性

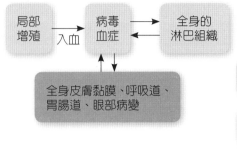

致病機制

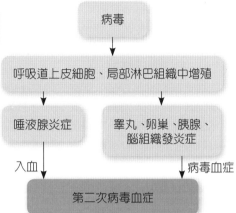

微生物學檢查與防治的原則

微生物學檢查	1. 麻疹因為臨床症狀典型，一般無需作微生物學檢查即可以作出診斷
	2. 不一般性的病例，可以採取病人急性期、恢復期雙份血清，做血凝抑制實驗，觀察抗體滴度是否增長
	3. 自 1980 年代以來，各國都有關於麻疹病毒抗原性變異的報導。核苷酸序列分析證實，麻疹病毒存在著基因漂移
防治的原則	1. 六個月以內的嬰兒有被動免疫力，但隨著年齡的成長而逐漸消失，易感性增加
	2. 6 個月～ 1 歲的兒童應接種麻疹減毒活疫苗
	3. 有接觸麻疹患兒病史的體弱易感兒，應注射 C 種球蛋白或健康成人全血以緊急預防，可以防止發病或減輕症狀

麻疹病毒（measles virus）

是麻疹的病原體	只有一個血清型
兒童急性呼吸道傳染病，冬、春季發病。患者為傳染的來源，飛沫及污染玩具等傳播	1. 臨床表現：發燒、畏光、流涕、咳嗽、口頰黏膜 Koplik 斑點，對臨床早期診斷有意義
	2. 在 1-3 天之後皮膚會出現特徵性紅色斑丘疹
	3. 最常見的併發症為肺炎，死亡率較高，占麻疹死亡率的 60%；大約 0.7% 的併發症，為進行性腦炎和巨細胞性肺炎；大約 0.1/ 萬的併發症為次急性硬化性全腦炎
病後的免疫力較為牢固與持久	以細胞免疫為主
減毒活疫苗免疫效果良好	免疫球蛋白可以做緊急的預防

3-5　副黏病毒：腮腺炎病毒

　　腮腺炎病毒（mumps virus）是流行性腮腺炎的病原體，好發於冬、春季節。呈現世界性的分布。只有一個血清型，人是其唯一宿主。

（一）生物學的性狀

　　腮腺炎病毒呈現球形，直徑大約為 150nm，基因組為單股負鏈 RNA，有包膜，包膜刺突為 HA、NA 及融合因數（F）。該病毒可以在雞胚之中增殖，只有一個血清型，但是與副流感病毒、新的雞瘟病毒有共同的抗原，可以發生交叉反應。腮腺炎病毒抵抗力較低，56°C，30 分鐘失活，對紫外線及脂溶劑相當敏感。

（二）致病性與免疫性

　　病毒透過飛沫或人與人直接傳播。學齡兒童為易感者，好發於冬、春季節。潛伏期 2 ～ 3 週，病毒在侵入呼吸道上皮細胞和面部局部淋巴結內增殖之後，進入血流再透過血液侵入腮腺及其他的器官，例如睪丸、卵巢、胰腺、腎臟和中樞神經系統等。主要症狀為一側或雙側腮腺腫大，有發燒、肌痛和乏力等。療程 1 ～ 2 週。30% 感染之後並無症狀，青春期感染者，男性易於併發睪丸炎（25%），女性易於併發卵巢炎，病毒性腦炎亦相當常見。病後可獲得牢固的免疫力。

（三）微生物學檢查

　　典型病例無需實驗室檢查即可以作出診斷。若有需要，可以取患者唾液、尿液或腦脊液來做病毒分離。腮腺炎病毒易在雞胚羊膜腔、雞胚細胞或猴腎細胞內增殖，形成多核巨細胞，但是細胞病變並不明顯，常用豚鼠紅血球做血吸附實驗證實病毒增殖。血清學診斷包括檢測病毒特異性的 IgM 是免疫球蛋白 M（Immunoglobulin M, IgM）或免疫球蛋白 G（Immunoglobulin G, IgG）。

（四）防治的原則

　　及時隔離患者，防止傳播。疫苗接種是唯一有效的預防措施，目前使用的為減毒活疫苗，可產生長期的免疫效果。在美國等國家已將腮腺炎病毒、麻疹病毒、風疹病毒組成了三聯疫苗（MMR）。

腮腺炎病毒

呈現球形	1. 直徑 120-200nm，單負股 RNA 病毒，包膜上有糖蛋白刺突，一個血清型，可以在雞胚羊膜腔增殖，細胞培養 CPE+，細胞融合，會出現多核巨細胞 2. 對乙醚、氯仿等脂溶劑敏感，紫外線加熱均會使病毒失活
人是唯一的宿主	1. 在冬、春季節發病，兒童易感，飛沫 / 人 - 人直接傳播，臨床表現發燒，乏力，一側或雙側腮腺腫大，疼痛明顯 2. 若擴散至胰腺、睪丸、卵巢、腎臟及中樞神經系統等，會引起相應症狀 3. 青春期感染者，易於合併睪丸炎 / 卵巢炎，腦炎
病後牢固的免疫力	疫苗接種可以有效地加以預防

引發的原因

傳染的來源	1. 早期的病人和隱性感染者 2. 病毒存在於患者唾液中的時間較長，腮腫前 6 天至腮腫後 9 天均可以自病人唾液中分離出病毒，因此在這兩週內有高度傳染性 3. 感染腮腺炎病毒之後，並無腮腺炎的表現，而有其他的器官，例如腦或睪丸等症狀者，則唾液及尿亦以可檢出病毒 4. 在大流行時，約 30～40% 患者僅有上呼吸道感染的次臨床感染，是重要的傳染來源
傳播的途徑	1. 本病毒在唾液中通過飛沫傳播（唾液及污染的衣服亦會傳染）其傳染力較麻疹、水痘為弱 2. 孕婦感染本病可以透過胎盤傳染給胎兒，而導致胎兒畸形或死亡，流產的發生率也會增加
易感性	1. 普遍易於感染，其易感性隨年齡的增加而下降 2. 青春期後發病男多於女 3. 病後會有持久的免疫力

＋ 知識補充站

　　流行性腮腺炎病毒，或稱腮腺炎病毒，是指引起腮腺、舌下腺、顎下腺腫大、頭痛、發燒，能引起多種併發症，男性還易於引起睪丸腫脹。現存的野生型種為 88-1961。

3-6 副黏病毒：呼吸道合胞病毒

　　呼吸道合胞病毒（respiratory syscytial virus, RSV）是引起嬰幼兒下呼吸道感染的最常見病毒，典型的表現為細支氣管炎和支氣管肺炎，在成人和較大兒童則引起上呼吸道感染。因其在細胞培養中能形成特殊的細胞融合病變特徵，故名之。

1. 生物學特性：RSV 核酸為單股負鏈 RNA，不分節段，病毒直徑為 120 ～ 200nm，有包膜。包膜表面有 F 和 G 糖蛋白兩種刺突，G 蛋白對宿主細胞有吸附功能，F 蛋白是融合蛋白，為由二硫鏈連接的 F1 和 F2 兩個子單位所組成。兩種刺突蛋白均具有免疫原性，根據 G 蛋白的免疫原性不同可把 RSV 分為 A、B 兩個子群。RSV 可以在原代人胚腎細胞、猴腎細胞、人胚肺二倍體細胞，以及 Hela、HEP-2、A549 等傳代細胞內增殖，形成多核巨細胞和胞漿內嗜酸性包涵體。RSV 對理化因素的抵抗力較低，對熱、酸、膽汁敏感，凍融易於被失活。

2. 致病性與免疫性：RSV 經由飛沫或直接接觸傳播，病毒主要在鼻咽上皮細胞中增殖。感染僅局限於呼吸道，不會引起病毒血症。病毒在呼吸道上皮細胞增殖後引起細胞融合，致病機制尚未完全清楚，可能主要是病理性免疫回應引起細胞損傷，由於支氣管和細支氣管內壞死物與黏液等集結在一起，易阻塞嬰幼兒氣道，若處理不及時，死亡率高。大約有 60% 急性嬰幼兒喘息性細支氣管或肺炎由 RSV 引起，較大兒童和成人則主要表現為上呼吸道感染。另外，RSV 也是醫院內感染的重要病原體。RSV 感染後，免疫力並不強，故會重複感染。母體透過胎盤傳給胎兒的抗體不能防止嬰幼兒感染。至今尚無安全有效的疫苗。

3. 微生物學檢查及防治的原則：病毒分離為 RSV 感染最重要的診斷方法，RSV 若未發現帶毒者，分離出病毒即可以確診。使用直接或間接免疫螢光法、免疫酶法檢測進行臨床快速診斷。RT-PCR 檢測病毒核酸。目前仍然缺乏特效預防 RSV 感染的辦法。治療方法主要是用腎上腺素緩解喘息症狀，三氮唑核苷可抑制 RSV 複製所需酶類。IFN 滴鼻可以減輕症狀，縮短療程。

副流感病毒

副流感病毒（parainfluenza virus）	屬於副黏病毒
形態以球形較為多見	直徑為 100～250nm，核酸為不分節段的單股負鏈 RNA，包膜上附有兩種刺突，即 HN 蛋白和 F 蛋白
HN 蛋白兼有 HA 和 NA 的功能	1. F 蛋白具有融合細胞和融解紅血球的功能 2. 根據抗原的特異性不同，分 5 個血清型
副流感病毒	主要透過飛沫或直接接觸來傳播
病毒增殖僅限於呼吸道黏膜上皮，一般並無病毒血症，感染會發生於任何年齡，但是以嬰幼兒症狀為重，常會發生嚴重哮喘（大多由 1、2 型引起），造成呼吸道閉塞，甚至窒息死亡	1. 另外還會引起氣管炎、微血支氣管炎（大多由 3 型所引起）和肺炎等下呼吸道感染 2. 在感染之後呼吸道局部所產生的 slgA 對同型病毒有相當程度的免疫力，但是維持的時間較短

呼吸道合胞病毒

球形	直徑 120-200nm，基因不分節段，單負股 RNA，病毒包膜上有糖蛋白刺突
會在多種細胞中緩慢增殖，出現細胞病變效應（CPE）	病變特點為形成融合細胞，內有多個胞核；胞漿內有嗜酸性包涵體
呼吸道合胞病毒（RSV）	只有一個血清型
抵抗力較弱	對熱、酸、膽汁及冷凍相當敏感
傳染性較強	1. RSV 經由飛沫、手和污染物品傳播，是醫院內交叉感染的主要病原 2. 感染局限於呼吸道，病毒不入血
致病機制：可能會有	1. 免疫病理損傷所導致，造成局部水腫，分泌會增多 2. 嬰兒呼吸道組織學特性 3. 病毒的直接破壞作用
所導致的疾病	1. 支氣管與細支氣管壞死物、黏液、纖維等聚集會導致阻塞嬰幼兒氣道，再導致→細支氣管炎、肺炎 2. 臨床的特點：發燒、咳嗽、呼吸困難，心力衰竭而導致死亡
病後的免疫力	並不持久

3-7　其他的呼吸道病毒：SARS 冠狀病毒（一）

（一）SARS 冠狀病毒

冠狀病毒（coronavirus）在分類上屬於冠狀病毒科冠狀病毒屬。1965 年從普通感冒患者鼻洗液中分離出，1967 年 Almeida 等使用電子顯微鏡觀察從急性上呼吸道感染病人鼻咽洗漱液中分離到該病毒，因爲發現其外觀像日冕（Solar corona），故將其命名爲 Coronavirus，譯爲冠狀病毒。人冠狀病毒主要引起普通感冒，症狀較輕，也會引起腹瀉或腸胃炎。原因不明的非典型肺炎，此病傳染性極強，稱爲嚴重急性呼吸症候群（severe acute respiratory syndrome, SARS），至 2003 年 8 月 7 日止，已波及世界的 32 個國家和地區，發病總人數達 8,465 例，死亡 919 例，平均死亡率高達 11％。此病症引起了全世界科學家的高度關注，並且很快就確定了 SARS 的病原體是一種變異的冠狀病毒，稱爲 SARS 冠狀病毒（SARS CoV）。

生物學性狀：SARS 冠狀病毒形態在電子顯微鏡下會呈現球形，直徑爲 60 ～ 220nm，核酸爲單正鏈 RNA，主要編碼 RNA 聚合酶，以及 N、S、M、E 等結構蛋白。衣殼 N 蛋白結合於 RNA 上，組成核衣殼呈現螺旋對稱，N 蛋白在病毒轉錄、複製和成熟中發揮功能。核衣殼外有包膜，包膜上主要有三種糖蛋白，即 E 蛋白、S 蛋白和 M 蛋白，呈現花瓣狀突起。

S 蛋白構成病毒的刺突，能與宿主細胞受體結合，使細胞發生融合，在病毒感染過程中有助於病毒的吸附與穿入；同時 S 蛋白也是病毒的主要抗原，可引起宿主的免疫反應，產生中和抗體，也是疫苗的理想標靶抗原。其排列間隔較寬使整個病毒顆粒外形如花冠狀。M 蛋白爲跨膜蛋白，參與病毒的出芽釋放和包膜的形成。E 蛋白較小，爲包膜相關蛋白。

SARS 冠狀病毒在 Vero-E6 細胞、FRhK-4 細胞等細胞內增殖並引起細胞病變。因 SARS 冠狀病毒有包膜，故對脂溶劑敏感，例如 0.2％～ 0.5％過氧 B 酸、氯消毒劑、C 酮、75％ B 醇、10％ A 醛等在 5 分鐘內可以殺死糞便和尿液中的病毒。紫外線照射 30 分鐘可以殺滅病毒。但是在 24℃ 時會在痰、尿液和糞便中存活大約 5 天，血液中可以存活 15 天。在室內的條件下，濾紙、棉布、木塊、土壤、金屬、塑膠、玻璃等表面可以存活 3 天。在 4℃ 的條件下活性會下降 10％，56℃ 加熱 30 分鐘能夠失活。在液氮中可以長期保存。

小博士解說

1. 目前最好的預防措施是嚴格地隔離病人、切斷傳播途徑和提高族群的身體抵抗力。
2. 一旦發現可疑病例要及時上報疫情，並做嚴格的隔離和治療，嚴防在族群中傳播。
3. 對患者的治療除採取吸氧和適量的激素、抗病毒藥物及抗生素治療等支援療法之外，還要給予干擾素等抗病毒製劑及預防繼發感染的抗生素等製劑。
4. 增強身體的免疫力，監測疫情，疫苗接種，複期血清治療。

發病期

| 初期 | ➡ | 發燒、頭痛、關節痛、乾咳、氣短、X 光片肺部陰影 |

| 極端期 | ➡ | 呼吸困難，低氧血症，肺滲出、多器官衰竭、死亡、死亡率為 10% 左右（有基礎病 40-50%） |

| 恢復期 | ➡ | 抗體產生，症狀會減輕、消失 |

致病性與免疫性

傳染的來源和傳播的途徑	1. 傳染的來源為 SARS 的患者，是否有其他的傳染來源存在尚不十分確定
	2. SARS 病毒主要以近距離飛沫及間接接觸傳播，其中又以後者傳染為主，也可以透過手接觸病人呼吸道分泌物經口、鼻、眼傳播，還存在糞 - 口傳播的可能
	3. 空氣傳播可能是建築物內和其他封閉地區內發生廣泛傳播的原因
	4. 是否還有其他傳播途徑尚不十分清楚
臨床表現及診斷	1. SARS 感染的潛伏期為 2 ～ 7 天，病人幾乎全部有高燒（高於 38℃），伴隨全身酸痛、乏力、乾咳、胸悶氣短等症狀
	2. 療程會很快地進展到下呼吸道期，患者會出現呼吸困難和低氧血症，進而出現嚴重肺滲出，呼吸窘迫，休克、DIC 和心率紊亂等進行性呼吸窘迫症候群
	3. 通常需氣管插管或使用呼吸器來維持。影像學檢查雙側肺部呈現絮狀或片狀陰影
	4. SARS 的基本病理改變以散在和彌散的急性肺實變為特徵。SARS 的診斷主要依靠流行病學史和臨床表現
免疫性	1. 人類對 SARS 冠狀病毒普遍易於感染
	2. 身體在感染病毒之後，會產生該病毒特異性的抗體，具有中和功能
	3. 也可以產生細胞免疫，表現為 T 細胞子群的改變和產生大量的細胞因子
	4. 同時也伴隨免疫病理損傷，導致 T、B 細胞迅速凋亡，引起免疫功能極度低落

微生物學檢查

檢測病毒及抗原	1. 目前分離培養病毒只能在 P3 實驗內進行，不能作為常規性檢查
	2. 將鼻咽拭子、痰液、呼吸道分泌物等標本，接種於 Vero-E6 細胞、FRhK-4 細胞中分離培養病毒，並使用內視鏡做形態觀察、病毒抗原和核酸序列檢測等來確診
檢測病毒核酸	1. 是目前快速診斷 SARS 冠狀病毒的最好方法
	2. 採集標本（血液、尿液、糞便、呼吸道分泌物等）萃取病毒 RNA，做 RT-PCR 或巢式 PCR 檢測病毒核酸
	3. 即時地量化 PCR 可以檢測病毒的拷貝數
檢測病毒抗體	1. 使用 ELISA、IFA 及膠體金免疫分析等方法檢測患者或可疑患者血清中抗 SARS 冠狀病毒的特異性抗體
	2. 通常特異性免疫球蛋白 M（Immunoglobulin M，IgM）在患病之後大約 7 天出現，10 天達到高峰；而免疫球蛋白 G（Immunoglobulin G，IgG）大約於 10 天之後產生，20 天左右達到高峰

3-8 其他的呼吸道病毒：SARS 冠狀病毒（二）

（二）副黏液病毒

在 2003 年 3 月 18 日，香港中文大學宣布成功找到引起嚴重急性呼吸道症候群的病毒，屬於副黏液（膜）病毒科的成員。

（三）冠狀病毒

在 2003 年 4 月 16 日，世界衛生組織（WHO）在日內瓦宣佈，確認冠狀病毒的一個變種是引起非典型肺炎的病原體，命名為嚴重急性呼吸症候群病毒。

（四）SARS 病毒的生物學性狀

SARS 病毒分為突起蛋白（S）、膜蛋白（M）、血凝素 - 酯酶（HE）、衣殼蛋白。

（五）SARS 病毒基因組

加拿大於 2003 年 4 月 12 日首先完成 SARS 病毒的整體基因組測序，共 29,736 個核苷酸。

1. 基因排列次序：5'-pol 1a-pol 1b-S-4a-4b-5-M-N-3'
2. 5' 端 ORF1a、ORF1b：病毒 RNA 依賴性 RNA 聚合酶、蛋白酶、一些尚未確定的蛋白質。

（六）SARS 病毒對理化因素的敏感性

1. 24°C：痰和糞便可持續 5 天；尿液持續 10 天；血液持續 15 天。
2. 室內：濾紙，棉布，木塊，土壤，金屬，塑膠，玻璃等表面皆為 3 天。
3. 在無血清培養的條件下：37°C 可持續 4 天；56°C 加熱 90 分鐘，75°C 加熱 30 分鐘皆可以殺滅病毒。
4. 含氯消毒劑和過氧乙酸幾分鐘；紫外線照射 30 分鐘皆可以殺滅病毒。

（七）傳播的途徑

1. 主要通過飛沫及間接接觸傳染，其中又以後者傳染為主。
2. 空氣傳播可能是建築物內和其他封閉地區內發生廣泛傳播的原因。

（八）治療的方法

三氮唑核苷、類固醇、血清療法。

生活史

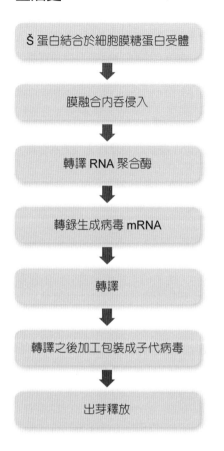

Š 蛋白結合於細胞膜糖蛋白受體

↓

膜融合內吞侵入

↓

轉譯 RNA 聚合酶

↓

轉錄生成病毒 mRNA

↓

轉譯

↓

轉譯之後加工包裝成子代病毒

↓

出芽釋放

致病機制

SARS 病毒

病毒複製
（I 期：發燒病毒血症期）

超強免疫病理損傷
（II 期：抗原抗體反應期）

細胞免疫低落
（III 期：恢復期）

繼發性感染

✚ 知識補充站

1. 非典型性肺炎是由 SARS 病毒：一種新型冠狀病毒所引起的。
2. 非典型病毒基因組為單正鏈 RNA，編碼的結構蛋白主要有 S，M，N。
3. 非典型病毒的主要傳播途徑是飛沫和間接接觸及空氣傳播。

3-9 其他的呼吸道病毒：腺病毒

　　腺病毒（Adenovirus）是一群會引起人類呼吸道、胃腸道、泌尿系及眼疾病的 DNA 病毒。腺病毒顆粒呈現球形，直徑為 70～90nm。核心為線性雙鏈 DNA，並沒有包膜。衣殼由 252 個殼粒所組成，呈現 20 面體立體對稱，20 面體的 12 個頂角的殼粒各自與 5 個殼粒相鄰，稱為五鄰體，五鄰體上各有一條長度為 10～30nm 的末端有頂球的纖維，稱為纖維突起，餘下的 240 個殼粒為六鄰體。六鄰體、五鄰體和纖維突起是腺病毒的主要抗原結構。六鄰體抗原具有組特異性抗原，而五鄰體和纖維突起與病毒的血凝特性有關，並具型特異性。故根據生物學性質可以將人類腺病毒分為 A～F 6 個組，進一步地使用血凝抑制實驗可以將其分為 49 血清型。

　　腺病毒對理化因素抵抗力較強，對脂溶劑和酶類均具有抵抗功能。對酸及溫度的耐受範圍較大，在 36°C，7 天病毒感染力並無明顯的下降。但是在 56°C，30 分鐘、紫外線照射 30 分鐘可以將其失活。

　　腺病毒主要透過呼吸道、消化道和眼結膜等途徑傳播致病。透過呼吸道感染會引起急性發燒性咽喉炎、咽結膜炎、急性呼吸道感染、是嬰幼兒肺炎的主要病原之一；透過眼部感染會引起濾泡性結膜炎和急性結膜炎等疾病；透過消化道感染會引起小兒胃腸炎、嬰幼兒腸套疊以及愛滋病患者的病毒性腹瀉；某些型別的腺病毒能引起兒童急性出血性膀胱炎、子宮頸炎、男性尿道炎、病毒性肝炎等疾病。往往一種血清型別會引起不同的臨床表現，而同一種臨床表現也可以由不同的血清型別所引起。疾病一般為自我限制性，在感染之後可以獲得對同型的牢固免疫力，中和抗體發揮重要的功能。

　　採用內視鏡或免疫內視鏡觀察標本中的病毒顆粒做診斷。採集病人的咽拭子、尿液、糞便等標本，迅速接種敏感細胞分離培養，根據特徵性細胞突變及抗原性鑒定病毒。取急性期和恢復期血清做補體結合實驗，抗體升高 4 倍或以上，可以判斷為近期感染。中和實驗和血凝抑制實驗可定型別。目前尚無理想的疫苗。也無治療腺病毒的特效藥。

小博士解說 **腺病毒防治的方法**

　　腺病毒感染主要在冬、春季流行，容易在幼稚園、學校和軍營新兵中暴發流行。一般來說，腺病毒主要是透過呼吸道飛沫、眼分泌物，經由呼吸道或接觸傳播；腸道感染主要是透過消化道傳播。其預防措施和其他呼吸道、消化道傳染病預防相似，主要是勤洗手，勤消毒，避免接觸患者及其呼吸道飛沫。平常多飲水，多吃蔬菜和水果，注意鍛練身體；室內多通風，保持室內環境清潔；冬、春流行季節盡量少去人員密集的公共場所，外出時戴口罩，避免接觸病人，以防感染。一旦發生急性發燒、咽喉疼痛和結膜炎的症狀，要及早到醫院看病，早隔離、早治療。出現 5 人以上集體發病的情況要及時向所在地區防疫部門報告，及時採取有效的防治措施，避免疾病的漫延。在腺病毒流行季節，托幼機構上呼吸道感染患兒應回家隔離休息，以免造成傳播流行。患病之後盡量在附近醫院就診，避免到病人較集中的大醫院觀察室輸液，以防造成交叉感染。出現嚴重咳嗽和呼吸困難症狀大多屬於嚴重的病例，應及時到醫院住院治療，以免延誤病情。

腺病毒

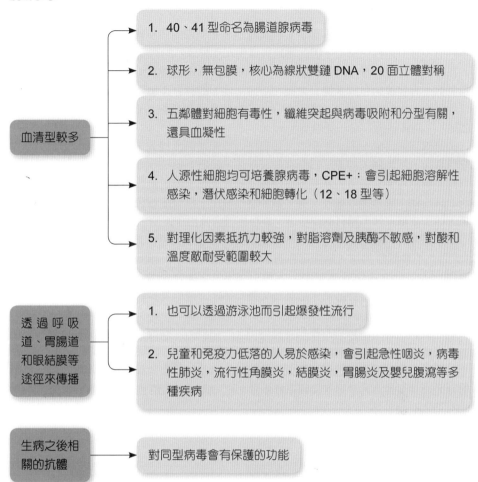

血清型較多

1. 40、41 型命名為腸道腺病毒

2. 球形，無包膜，核心為線狀雙鏈 DNA，20 面立體對稱

3. 五鄰體對細胞有毒性，纖維突起與病毒吸附和分型有關，還具血凝性

4. 人源性細胞均可培養腺病毒，CPE+；會引起細胞溶解性感染，潛伏感染和細胞轉化（12、18 型等）

5. 對理化因素抵抗力較強，對脂溶劑及胰酶不敏感，對酸和溫度敏耐受範圍較大

透過呼吸道、胃腸道和眼結膜等途徑來傳播

1. 也可以透過游泳池而引起爆發性流行

2. 兒童和免疫力低落的人易於感染，會引起急性咽炎，病毒性肺炎，流行性角膜炎，結膜炎，胃腸炎及嬰兒腹瀉等多種疾病

生病之後相關的抗體

對同型病毒會有保護的功能

＋ 知識補充站
腺病毒
1. 雙鏈 DNA 無包膜病毒，為 20 面體對稱。
2. 培養最適合是人來源的細胞，會引起細胞腫脹、變圓。
3. 抵抗力較強，對脂溶劑不敏感。
4. 會引起呼吸道、消化道、眼部等病變。
5. 身體產生特異性中和抗體，獲得對同型的牢固免疫力。

3-10 其他的呼吸道病毒：風疹病毒

　　風疹病毒（rubella virus）屬於披膜病毒科，是風疹的病原體。由於風疹病毒在妊娠早期感染會引起胎兒畸形，因此受到病毒學家及醫學界的普遍重視。

　　風疹病毒呈現球形，直徑大約為 50～70nm。為單正鏈 RNA 病毒，核衣殼為 20 面體對稱，有包膜，包膜刺突有血凝和溶血活性。能夠在多種組織細胞內增殖，例如人羊膜細胞、兔腎細胞和 Vero 細胞等，但是並不會出現細胞病變效應（cytopathic effect, CPE）。風疹病毒只有一個血清型。

　　人是風疹病毒唯一的自然宿主。病毒經由呼吸道途徑侵入，首先在呼吸道黏膜上皮細胞增殖，然後侵入血流，繼而擴散至全身。民眾對風疹病毒普遍易於感染，但是兒童是主要易感者。患者大多表現為發燒、耳後及枕下淋巴結腫大，隨之面部出現淺紅色的斑丘疹，會迅速地遍及全身。風疹療程較短，併發症較少，但是成人感染症狀較重，除了皮疹之外，還有關節疼痛，血小板減少及出疹後腦炎等。

　　風疹病毒感染最嚴重的危害是孕婦受染後，會導致胎兒先天性畸形。若孕婦在妊娠 3 個月內感染風疹病毒，則病毒會透過胎盤感染胎兒，引起胎兒畸形或先天性風疹症候群（congenital syndrome, CRS）。患兒在出生之後會表現為先天性心臟病、先天性耳聾、白內障、黃疸性肝炎、肺炎及腦膜炎等。一般的妊娠時間愈短，在感染風疹病毒之後引起胎兒畸形的可能性就愈大，表現就愈嚴重。

　　隱性或顯性感染風疹病毒後均會獲得持久的免疫力。孕婦血清抗體具有保護胎兒免於受到風疹病毒感染的功能。

　　接種風疹病毒減毒活疫苗是有效的預防措施，接種的對象為風疹病毒抗體陰性反應的育齡婦女。此外，孕婦若接觸風疹患者，應立即注射大劑量 C 種球蛋白緊急預防。

小博士解說

1. 診斷：風疹的診斷，一般是根據流行病史、臨床症狀和徵象。若有條件的地方可以做風疹的 PCR 確診。另外，風疹與麻疹、幼兒急疹、藥疹有相似之處。麻疹一般在發燒 3─4 天出疹，疹子比風疹的疹子稍大，全身的症狀較重。幼兒急疹僅見於嬰兒，體溫較高，發燒 3─4 天，出疹之後燒退或燒退之後出疹。

2. 治療：風疹並無特效治療，在發燒期間，要注意臥床休息，可以服用溫熱解毒的中藥，給予流質或半流質飲食。有併發症者，可以依據併發症來處理。

風疹病毒（rubella virus）

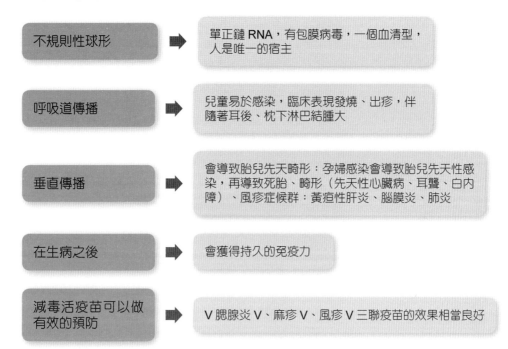

不規則性球形 ➡	單正鏈 RNA，有包膜病毒，一個血清型，人是唯一的宿主
呼吸道傳播 ➡	兒童易於感染，臨床表現發燒、出疹，伴隨著耳後、枕下淋巴結腫大
垂直傳播 ➡	會導致胎兒先天畸形：孕婦感染會導致胎兒先天性感染，再導致死胎、畸形（先天性心臟病、耳聾、白內障）、風疹症候群：黃疸性肝炎、腦膜炎、肺炎
在生病之後 ➡	會獲得持久的免疫力
減毒活疫苗可以做有效的預防 ➡	V 腮腺炎 V、麻疹 V、風疹 V 三聯疫苗的效果相當良好

風疹病毒

單正股 RNA	包膜 HA，一個血清型
孕婦在 4 個月之內會感染風疹病毒	1. 潛伏 2-3 週，發燒、伴隨耳後和枕下淋巴結腫大、面部會出現淺紅色斑丘皮疹並迅速擴散至全身，若繼續妊娠，會引起胎兒畸形（先天性心臟病、先天性耳聾、白內障等） 2. 有資料證實，懷孕一個月感染風疹病毒，胎兒畸形率為 58%，三個月則為 15%
預防	1. 風疹減毒活疫苗 2. 風疹、麻疹、腮腺炎組合的 MMR 三聯疫苗

NOTE

第 4 章
腸道感染病毒

1. 掌握腸道病毒的共通性與特點

2. 熟悉脊髓灰質炎病毒的致病性

3. 瞭解腸道病毒感染的防治原則

4-1　概論

（一）概論

　　廣義的腸道感染病毒泛指經過糞 - 口途徑感染，引起消化道或消化道外傳染病的所有病毒。包括主要引起腸道外感染性疾病的腸道病毒及主要引起腸道內感染性疾病的急性胃腸炎病毒。此外，部分肝炎病毒也經由消化道感染與傳播。

　　腸道病毒（enterovirus）屬於小 RNA 病毒科（Picornaviridae），有 67 個血清型。透過消化道感染之後，會在人類消化道細胞中繁殖，然後透過血液侵犯其他器官，引起各種臨床病症，例如脊髓灰質炎、心肌炎等多種腸道外感染性疾病。人類腸道病毒主要包括：

1. 脊髓灰質炎病毒（poliovirus）：分爲 1 ～ 3 型。
2. 柯薩奇病毒（Coxsackievirus）：A 組 1 ～ 22，24 型、B 組 1 ～ 6 型。
3. 人腸道導致細胞病變孤兒病毒（enteric cytopathogenic human orphan virus, ECHO）：簡稱爲埃可病毒，包括 1 ～ 9、11 ～ 27、29 ～ 33 型。
4. 新腸道病毒：自 1969 年以後陸續分離到的腸道病毒按照發現的序號統一命名爲 68 ～ 71 型，68 型：小兒肺炎、支氣管炎，69 型：不清楚，70 型：急性出血型結膜炎，71 型：腦炎、腦膜炎等。72 型則爲 A 型肝炎病毒。急性胃腸炎病毒主要包括輪狀病毒（rotavirus）、杯狀病毒（calicivirus）、星狀病毒（astrovirus）和腸道腺病毒（enteric adenovirus）等。主要引起病毒性胃腸炎等腸道內感染性疾病，臨床表現爲腹瀉、嘔吐等消化道症狀。經由消化道傳播的肝炎病毒尚包括 A 型肝炎病毒和 E 型肝炎病毒。主要引起以肝臟損害相關的感染性疾病。

（二）腸道病毒的共通性

1. 無包膜小（＋）ssRNA，ϕ 24-30nm，20 面體。
2. 在胞漿內複製，會產生溶細胞效應。
3. 抵抗力較強，耐乙醚、酸，對二價陽離子穩定。
4. 經由口來感染，隱性感染較爲多見，腸道內複製，標靶器官發病。不同的腸道病毒會引起相同的症狀，同一種病毒會引起不同的臨床表現。

小博士 解說

　　腸道感染病毒主要包括腸道病毒和急性胃腸炎病毒。腸道感染病毒分為腸道病毒（小 RNA 病毒科）與呼腸病毒科（輪狀病毒、腸道腺病毒、杯狀病毒、星狀病毒）。

　　柯薩奇病毒是 1948 年在美國紐約州柯薩奇鎮，從一名疑似脊髓灰質炎患者糞便中，使用接種乳鼠的方法，首次分離出來的，因而得名。根據對乳鼠引起的病理變化將病毒分為：A 組：會使乳鼠產生廣泛性骨骼肌炎，而引起遲緩性麻痺；1-22，24 型；B 組：會引起乳鼠局灶性肌炎及痙攣性麻痺，並常會有棕色脂肪壞死、腦炎和心肌炎。

腸道感染病毒的致病機制

免疫力（對同型可以獲得牢固免疫力）

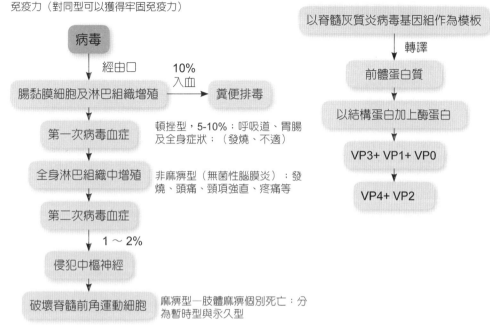

病毒蛋白質的合成

以脊髓灰質炎病毒基因組作為模板

↓ 轉譯

前體蛋白質

↓

以結構蛋白加上酶蛋白

↓

VP3+ VP1+ VP0

↓

VP4+ VP2

腸病毒的分類

病毒的種類	類型	臨床所導致的疾病
Polioviruses （脊髓灰質炎病毒）	1-3	Paralysis （小兒麻痺症）
Coxsackievirus （柯薩奇病毒）	A 組 1 ～ 24*	Aseptic meningitis （無菌性腦膜炎）與皰疹性咽喉炎等
Coxsackievirus （柯薩奇病毒）	B 組 1-6	1.Myocarditis （心肌炎） 2.Paralysis （麻痺症）
Echoviruseses （埃可病毒）	1 ～ 34**	1.Myocarditis （心肌炎） 2.Paralysis （麻痺症） 3. 無菌性腦膜炎等
New enteroviruses （新腸道病毒） （自 1969 年起）	68	Pneumonia; bronchiolitis （肺炎，支氣管炎）
New enteroviruses （新腸道病毒） （自 1969 年起）	70	Acute haemorrhagic conjumctivitis （急性出血性結膜炎，紅眼病）
New enteroviruses （新腸道病毒） （自 1969 年起）	71	Myocarditis; Paralysis （心肌炎，麻痺症）
New enteroviruses （新腸道病毒） （自 1969 年起）	72	Hepatitis A （A 肝）
Rotaviruses （輪狀病毒）	1.A- C 2.V- G	1.Diarrhea （人類；動物） 2.Diarrhea （動物） （腹瀉）

* A23 為埃可病毒 9 型。
** 第 10 型為呼腸病毒 1 型；第 28 型為鼻病毒 1 型；第 34 型為柯薩奇病毒 24 型。

4-2　脊髓灰質炎病毒：生物學的性狀

　　脊髓灰質炎病毒是脊髓灰質炎（Poliomyelitis）的病原體。在感染人體之後，以隱性感染較爲多見，輕型感染僅表現爲上呼吸道及胃腸道症狀，重型感染最後會侵犯損傷脊髓前角運動神經細胞，而引起脊髓灰質炎。主要表現爲肢體肌肉馳緩性麻痺。該疾病的傳播相當廣泛，是一種急性傳染病，大多見於兒童，故又稱爲小兒麻痺症。

　　脊髓灰質炎病毒其生物學的性狀有：

1. **形態與結構**：脊髓灰質炎病毒呈現球形，直徑爲 27～30nm，核衣殼呈現 20 面體立體對稱，無包膜。基因組爲單正鏈 RNA，長大約 7.4kb，兩端爲保守的非編碼區，在腸道病毒中同源性非常顯著，中間爲連續開放讀碼框架。病毒的衣殼主要由 VP1、VP2、VP3 和 VP4 四種蛋白成分所組成，其分子量分別爲 35kDa、28 kDa、24 kDa 和 6 kDa。其中 VP1、VP2、VP3 暴露在病毒顆粒表面，是病毒與宿主細胞表面受體結合的部位，亦是中和抗體的結合點；VP4 存在於病毒體內部，緊靠 RNA，可能在維持病毒構型中發揮重要的功能，例如除去 VP4 則病毒抗原性下降甚至消失。

2. **抗原性與分類**：脊髓灰質炎病毒有三個血清型。每一類病毒均含有兩種不同特異性的抗原，一種稱爲稠密抗原（dense，D 抗原），另一種稱爲無核心抗原（coreless，C 抗原）。D 抗原爲具有感染性的完整病毒顆粒，可以與中和抗體結合，具有型特異性，僅與同型免疫血清呈現補體結合試驗陽性反應，三型病毒之間無交叉反應。C 抗原爲空殼顆粒，係完整的病毒顆粒經過 56°C 失活之後，RNA 會釋放出來，或未裝配核心的空心衣殼，它與三型脊髓灰質炎病毒血清均呈現補體結合實驗陽性反應。雖然三型脊髓灰質炎病毒的核苷酸約有 71% 左右的同源性，但不同的核苷酸序列都位於編碼區內，因此三型病毒間中和實驗無交叉反應。

3. **培養的特性**：脊髓灰質炎病毒只能在人和靈長類動物細胞內增殖，常用人胚腎細胞、人羊膜細胞和猴腎細胞等做細胞培養。最適生長溫度爲 36°C～37°C。病毒在細胞漿內迅速增殖，24 小時即會出現典型的細胞病變，被感染的細胞變圓、壞死、脫落。病毒從溶解死亡的細胞中大量釋放。經脊髓或腦內接種猴、猩猩，會引起典型的症狀，並出現肢體麻痺。

4. **抵抗力**：脊髓灰質炎病毒在外界環境中生存力較強。在污水和糞便中可存活數月，在冰凍條件下可以保存幾年。在酸性環境中較爲穩定，不易被胃酸和膽汁失活，耐乙醚、耐酒精。但是對紫外線、乾燥、熱相當敏感，50°C 會迅速被失活。對各種氧化劑，例如高錳酸鉀、雙氧水、漂白粉等也很敏感。

小博士解說

1. 脊髓灰質炎病毒（Poliovirus）是脊髓灰質炎的病原體，脊髓前角運動神經細胞受損，導致弛緩性肢體麻痺，大多見於下肢，俗稱爲小兒麻痺。分爲 3 個血清型 I、II、III，以 I 型較爲多見。

2. 所導致的疾病與識別的受體
   (1) 所導致的疾病爲神經性麻痺（小兒麻痺）。
   (2) 識別的受體爲免疫球蛋白超家族的細胞黏附分子，脊髓前角運動的神經元。

脊髓灰質炎的發病機制

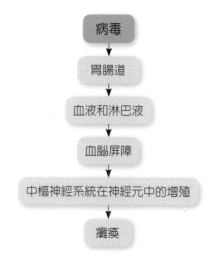

病毒
↓
胃腸道
↓
血液和淋巴液
↓
血腦屏障
↓
中樞神經系統在神經元中的增殖
↓
癱瘓

脊髓灰質炎病毒的致病性

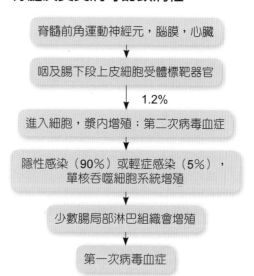

脊髓前角運動神經元，腦膜，心臟
↓
咽及腸下段上皮細胞受體標靶器官
↓ 1.2%
進入細胞，漿內增殖：第二次病毒血症
↓
隱性感染（90％）或輕症感染（5％），單核吞噬細胞系統增殖
↓
少數腸局部淋巴組織會增殖
↓
第一次病毒血症

脊髓灰質炎病毒

脊髓灰質炎病毒（poliovirus）	會引起脊髓灰質炎（poliomyelitis, or polio），又稱為小兒麻痺症，是一種危害中樞神經系統的傳染病
多數兒童在感染之後為隱性感染	在開展疫苗預防以來，基本上已經消滅了此病症

生物學的性狀

球形，核衣殼	1. 呈現 20 面體立體對稱，直徑為 27nm，無包膜 2. 基因組為單股正鏈 RNA，線狀，長大約為 7.5kb 3. 為感染性核酸 4. 病毒衣殼之表面為結構蛋白 VP1-VP3 帶有中和抗原位點 5. VP1 與病毒吸附有關 6. 病毒衣殼之內部為 VP4，與脫殼穿入有關 7. 單正股 RNA，有感染性，發揮 mRNA 的功能 8. 3' 末端的 polyA 與感染性有關；5' 末端共價連接 Vpg，與 RNA 合成和基因組裝配有關；編碼產生結構蛋白 VP1~VP4 以及多種功能蛋白
分為三種血清型	各型之間並無交叉抗原。可以在靈長類來源的細胞中增殖，LV 在 ç 漿中複製，L 呈現晶格狀排列，細胞病變效應（cytopathic effect, CPE）陽性反應
抵抗力較強	1. 在污水和糞便內可以存活數月，能夠耐受胃酸，蛋白酶和膽汁的功能 2. 對熱、紫外線、乾燥相當敏感

4-3　脊髓灰質炎病毒：致病性與冤疫性

（一）致病性

　　脊髓灰質炎病毒的傳染源是患者或無症狀帶毒者。病毒主要存在於糞便和鼻咽分泌物之中，而透過糞 - 口途徑來傳播。潛伏期一般爲 1～2 週。易於感染者大多爲 15 歲以下，尤其是 5 歲以下的兒童。本病一年四季均會發生，但是流行都在夏、秋季。一般以散發爲多，帶毒糞便污染水源會引起暴發流行，引起流行的病毒型別以 1 型居多。

　　人是脊髓灰質炎病毒的唯一天然宿主。病毒經由口侵入身體之後，先在咽喉部扁桃體和腸道下段上皮細胞、腸系膜淋巴結內增殖，然後釋放入血液，形成第一次病毒血症，擴散至帶有受體的標靶組織，脊髓灰質炎病毒識別的受體爲免疫球蛋白超家族的細胞黏附分子，只有很少的組織表達這種受體，如脊髓前角細胞、背根神經節細胞、運動神經元、骨骼肌細胞和淋巴細胞等，因而限制了它的感染範圍。在標靶組織中再次增殖之後，會引起第二次病毒血症和臨床症狀。身體免疫力的強弱顯著影響其結局。大約 90% 以上的感染者表現爲隱性感染；大約 5% 產生頓挫感染（abortive infection）。通常，病人只會出現發燒、頭痛、乏力、咽痛和嘔吐等非特異性症狀，並會迅速恢復；僅有 1～2% 的病人，病毒侵入中樞神經系統和腦膜，產生非麻痺型脊髓灰質炎或無菌性腦膜炎，患者除了有上述非特異性症狀之外，還有頸背強直、肌痙攣等症狀。只有 0.1～2.0% 的病人產生最嚴重的結局，包括暫時性肢體麻痺、永久性弛緩性肢體麻痺，以及極少數患者發展爲延髓麻痺，導致呼吸、心臟衰竭死亡。

（二）冤疫性

　　病後和隱性感染均會使身體獲得對同型病毒的牢固免疫力。保護免疫以體液免疫爲主，會產生血清循環抗體 IgG、IgM 和局部抗體 sIgA 等中和抗體。其中 sIgA 能清除咽喉部和腸道內病毒，防止其流入血流，阻止病毒血症發生，發揮局部抗感染功能；循環抗體可以阻止病毒進入神經系統並將清除病毒，防止麻痺的發生，它們在體內維持時間較長，甚至終身，對同型病毒具有較爲牢固的免疫力。6 個月之內的嬰兒可從母體獲得被動免疫，較少感染。

小博士 解說 **脊髓灰質炎病毒的防治原則**
　　目前尚無特異的治療脊髓灰質炎病毒感染的藥物。對該病的控制主要依賴於疫苗的使用，被動免疫僅用於個別的情況。

致病性與免疫性

傳染的來源	患者或無症狀的帶毒者（隱性感染，無麻痺的患者）
傳播的途徑	1. 以糞—口途徑為主，上呼吸道、咽喉和腸道為入侵門戶 2. 在生病之初，鼻咽分泌物亦可以排毒
所導致的疾病為脊髓灰質炎（poliomyelitis）	大多見於兒童之隱性感染、輕型胃腸道症狀、脊髓灰質炎（小兒麻痺），而隱性感染、輕型胃腸道症狀大於 98%
免疫性	1. 感染後對同型可獲得牢固的免疫力，三型之間並無交叉保護 2. 已體液免疫為主，SIgA 可以阻止病毒在咽喉、腸道內吸附和初步增殖 3. 中和抗體（IgG、IgM）清除病毒，阻斷擴散，作用相當持久 4. 血清中的 IgG 會透過乳汁和胎盤而傳染給胎兒，新生兒在出生後 1-6 個月，可以抵抗感染

防治的原則

一般性預防	
特異性預防	1. 減毒活疫苗（OPV，沙賓疫苗）含有三個血清型病毒抗原（白色）： 優點為：(1) 腸道增殖而不致病，用量小，次數少；(2) 產生局部和全身免疫，免疫效果好；(3) 能擴大免疫效果，持久 缺點為：(1) 易於失活，運輸，保存不便；(2) 有再發毒的可能性；(3) 免疫缺陷，免疫抑制者禁用；免疫方案為：一歲之內連服四次，每次間隔一月，升 4 歲加強一次 2. 失活疫苗（IPV 索爾克苗）含有三個血清型的病毒抗原，供肌肉注射： 優點：便於保存、運輸，無重複中毒危險，副作用較小 缺點：不能產生局部免疫，接種量大，使用不方便，接種面必須廣泛 建議：最初兩次免疫使用 IPV，再使用口服脊髓灰質炎疫苗

腸道病毒（Enteroviruses）：脊髓灰質炎疫苗的優缺點

活的疫苗（OPV）	失活的疫苗（IPV）
優點： 1. 口服，簡單易行，接種的數量較少，次數較少，便於投入，適合國情 2. 維持時間長，有免疫放大的效應 3. 口服為自然感染途徑，可以產生的抗體 IgA、SIgA、IgG、IgM; SIgA 有黏膜免疫的效果	優點： 1. 疫苗保存運輸方便 2. 疫苗的使用相當安全
缺點： 1. 一個可被其他的腸道 V 所干擾，使免疫失效 2. 熱的穩定性較差，不易保存，而失效 3. 有重複中毒的危險，而出現 VAPP（疫苗相關麻痺性脊髓灰質炎） 4. 對於免疫功能低落的兒童，可能會出現 VAPP	缺點： 1. 接種量較大，次數較多，肌肉注射，花費較大 2. 僅對接種個人有效，無免疫放大效應。免疫的維持時間較短 3. 並無黏膜免疫的效果，會產生循壞抗體

4-4　脊髓灰質炎病毒：微生物學檢查

（一）病毒分離培養與鑒定

在發病初期採取糞便標本，經由抗生素處理之後接種人胚腎細胞或猴腎細胞，以 37°C 培養 7 ～ 10 天，觀察細胞病變作出診斷，再使用中和實驗來進一步地鑒定其類別。

（二）血清學實驗

在發病早期和恢復期各取 1 份血清，同時做中和實驗或補體結合實驗。若血清抗體效價增高 4 倍以上便有診斷的價值。補體結合抗體雖無特異性，但是出現較早、消失較快，因此，若在發病早期測出高滴度補體結合抗體，在診斷上也有參考的價值。

（三）快速診斷

使用核酸雜交、PCR 等分子生物學方法可以檢測病毒基因組的存在而做出快速的診斷。同時可以根據毒株核苷酸組成或序列的差異，或酶切位點的不同等來區別疫苗株與野毒株。

（四）防治的原則

目前尚無治療脊髓灰質炎病毒感染的藥物。一般性預防措施包括隔離患者、消毒排泄物、加強飲食衛生、保護水源。對該病的控制主要依賴於疫苗的使用，被動免疫僅用於個別的情況。

主動免疫：自從 1950 年代中期和 1960 年代初期失活脊髓灰質炎疫苗（IPV，Salk 疫苗）和口服脊髓灰質炎減毒活疫苗（OPV，Sabin 疫苗）問世並廣泛應用以來，脊髓灰質炎的發病率急劇下降。世界衛生組織提出 2000 年在全球消滅脊髓灰質炎，絕大多數先進國家已消滅了脊髓灰質炎野毒株，但是在非洲、中東和亞洲發展中國家仍有野毒株的存在。目前，IPV 和 OPV 均為三價混合疫苗（TIPV 或 TOPV），免疫之後都可以獲得抗三個血清型脊髓灰質炎感染的免疫力。OPV 口服免疫類似於自然感染，既會誘發血清抗體，預防麻痺型脊髓灰質炎的產生，又會刺激腸道局部產生 sIgA，阻止野毒株在腸道的增殖和族群中的流行。此外，在服用疫苗之後 OPV 在咽部會存留 1~2 週，從糞便中排出達幾週，因而疫苗病毒的傳播使接觸者形成間接免疫。IPV 不能產生腸道免疫，接種劑量大，使用不方便，免疫接種面必須廣泛等缺點使其在世界很快地被 OPV 所代替。自 1980 年代後期起，最初的失活疫苗已改進為抗原性較好的增效 IPV，在三劑疫苗接種之後，抗三個型別抗體的產生率為 99 ～ 100%，也會誘導低水準的黏膜免疫，並在一些國家取得了較好的效果。由於 OPV 熱穩定性較差，保存、運輸、使用要求較高，有毒力回復的可能，特別是從 1979 年以來，美國所發生的麻痺型脊髓灰質炎都與疫苗株有關，所謂疫苗相關麻痺型脊髓灰質炎（VAPP），因此，新的免疫程序建議使用 IPV 免疫 2 次後再口服 OPV 來免疫，以排除 VAPP 發生的危險。

血清學的診斷與病毒基因檢測

| 病毒分離與鑒定 | ➡ | 細胞培養，中和實驗 |

| 病毒基因檢測 | ➡ | 核酸雜交、聚合酶連鎖反應（Polymerase Chain Reaction, PCR）法（中和實驗、補體實驗）、RFLP，序列分析 RFLP、序列分析 |

| 血清學檢查 | ➡ | 雙份血清檢查抗體（ELISA、IFA） |

| 快速診斷 |

脊髓灰質炎死、活疫苗的比較

項目	活的疫苗（OPV）	死的疫苗（IPV）
接種的方法	口服糖丸	肌肉注射
抗體產生	血清抗體、分泌抗體	血清抗體
間接免疫	會透過接種者糞便、排毒免疫的族群更多	無
穩定性	較差，不易保存	易於保存
副作用	極少數會引起疫苗相關的脊髓灰質炎	無
免疫效果	更好	好

防治的原則

人工主動性免疫：嬰幼兒（2月齡），兒童為三價疫苗	1. IPV，沙克疫苗：失活三價混合疫苗會產生中和抗體，而防止麻痺 2. 口服脊髓灰質炎疫苗，沙賓疫苗：減毒三價混合疫苗： 　(1) SLGA 預防再感染 　(2) 為 IgG，IgM 阻止麻痺
人工被動性免疫	C 球

＋ 知識補充站

1. 被動性免疫：使用人免疫球蛋白來保護與脊髓灰質炎患者接觸者。這種球蛋白往往含有三型病毒的抗體，及時給予會中和血液中的病毒。被動免疫僅用於做過扁桃腺切除的兒童、未經過免疫接種而又必須接觸脊髓灰質病人的醫務人員和親屬，以及未接受免疫接種的孕婦等。免疫的效果保持 3 ～ 5 週。
2. 疫苗的種類：
   (1)失活脊髓灰質炎疫苗（IPV），沙克疫苗（Salk）。
   (2)三價口服脊髓灰質炎減毒活疫苗（TOPV）：三次連續服用 TOPV（間隔 1 個月），抗體陽轉率為 100%，在 4 歲時要加強一次。
   (3)脊髓灰質炎減毒活疫苗（OPV，沙賓疫苗（Sabin））。
   (4)危險：要提防疫苗相關麻痺性脊髓灰質炎（VAPP）發生的危險。

4-5 柯薩奇病毒與埃會病毒

　　柯薩奇病毒及埃會病毒的分布相當廣泛。依據病毒子群和血清型的不同或對不同組織的嗜性不同（受體的差異），會引起各種不同的疾病。

（一）病毒的類別與抗原性

1. 柯薩奇病毒：柯薩奇病毒對乳鼠的敏感性很高，根據它們感染乳鼠所產生的病灶，柯薩奇病毒會以分為 A、B 兩組。A 組有 23 型病毒，B 組有 6 型病毒。所有 B 組及 A 組的第 9 型有共同的組特異性抗原，在 B 組內病毒之間有交叉反應。A 組某些類別的型特異性抗原會在 37°C 引起人類 O 型紅血球凝集反應。
2. 埃會病毒：埃會病毒最早在脊髓灰質炎流行期間從人的糞便中分離，當時不知與人類何種病毒相關，故稱為人類腸道致細胞病變孤兒病毒。目前共有 31 個血清型。各型的差異在於其衣殼上的特異性抗原，會使用中和實驗來加以區別。在埃會病毒 31 個型之中，有 12 個型具有凝集人類 O 型紅血球的能力，血凝素是毒性的主要部分。

（二）致病性與免疫性

　　柯薩奇病毒、埃會病毒的流行病學特點和致病機理與脊髓灰質炎病毒相類似，但是各自攻擊的標靶器官不同。脊髓灰質炎病毒往往侵犯脊髓前角運動細胞，而柯薩奇病毒和埃會病毒更容易感染腦膜、肌肉和黏膜等部位。人體受到感染之後，大約 60% 會呈現隱性感染。致病特點是病毒在腸道中增殖，卻很少引起腸道疾病；不同類別的病毒會引起相同的臨床綜合症，同一型病毒亦會引起幾種不同的臨床疾病。在出現臨床症狀時，由於侵犯的器官組織不同而表現各異（如右表）。柯薩奇病毒、埃會病毒所引起的一些重要的臨床病症為：

1. 無菌性腦膜炎：是腸道病毒感染中極為常見的一種綜合性病症。在夏季流行時，不易與輕型的流行性 B 型腦炎相區別。發病特點為短暫的發燒，類似感冒，相繼出現頭痛、咽痛、噁心、嘔吐和腹瀉。進一步發展會出現腦膜刺激症，嗜睡，腦脊液細胞數目和蛋白質含量增加，療程為 1～2 週。
2. 麻痺：在上述無菌性腦膜炎的基礎上，部分病例會進入麻痺期，臨床表現為特有的脊神經支配的肌群或部分肌群麻痺。
3. 皰疹性咽峽炎：是一種發生於兒童的急性傳染病，主要由柯薩奇 A 組病毒所引起，常流行於春末和初夏。病人突然發燒、咽痛厭食、吞咽困難。在懸雍垂、扁桃腺及軟齶邊緣出現散在性小皰疹、破潰後形成小潰瘍。
4. 心肌炎和心包炎：散發於成人和兒童，在兒童和成人表現為呼吸道感染症狀，心動過速、心電圖表現異常等，預後不良；新生兒感染後之後果相當嚴重，表現為發燒、皮膚青紫、呼吸困難，不明原因的心力衰竭，死亡率高；在嬰兒室會引起爆發流行。
5. 肌痛或肌無力：病人常會有發燒、頭痛和肌肉酸痛。有的病例表現為肌無力。在恢復之後疼痛會消失，預後良好。

（三）防治的原則

　　除了一般的衛生措施之外，並無特效的預防和治療方法。對有感染性的病人應當加以隔離。

柯薩奇病毒、埃會病毒、新腸道病毒

形態、生物學性狀以及感染、免疫過程 與脊髓灰質炎病毒相類似

透過糞-口途徑來傳播

病毒在腸道中增殖 很少會引起腸道感染、無菌性腦膜炎、皰疹性咽峽炎、手足口病、流行性胸痛、心肌炎、眼病

柯薩奇病毒的分類

組別	類型	臨床的症狀
A	1-24	1. Aseptic meningitis（無菌性腦膜炎） 2. Febrile illness（發燒） 3. Herpangina（皰疹性咽峽炎） 4. Hand, foot and mouth disease（手－足－口病）
B	1-6	1. Bornholm disease（流行性胸痛） 2. Myocarditis, hepatitis（心肌炎，肝炎） 3. Meningitis（腦膜炎）

柯薩奇病毒、埃會病毒引起的臨床症狀及相關的病毒類別

臨床症狀	柯薩奇病毒		埃會病毒
	A 組	B 組	
無菌性腦膜炎	2，4，7，9，10	1，2，3，4，5，6	1～11，13～23，25，27，28，30，31
肌無力和麻痺	7，9	2，3，4，5	2，4，6，9，11，31
皮疹	4，5，6，9，16	5	2，4，6，9，11，16，18
心包炎、心肌炎	4，16	1，2，3，4，5	1，6，9，19
流行性胸痛	9	1，2，3，4，5	1，6，9
感冒，肺炎	9，16，21，24	4，5	4，9，11，20，25
急性結膜炎	24	－	－
新生兒感染	－	1，2，3，4，5	3，4，6，9，17，19
皰疹性咽峽炎	2，6，8，10	－	－

柯薩奇病毒與埃會病毒

受體分布相當廣泛 → 會引起皰疹性咽峽炎，手足口病，流行性胸痛，心肌炎，眼病等，例如：＊皰症性咽峽炎：柯薩奇 A 組的 2,4,6,8，10,5,23

疾病相當複雜 → 流行性胸痛：為 B 組，＊眼病 A24：急性結膜炎，71 型：急性出血性結膜炎

→ 心肌炎和心包炎：為 B 組

4-6　急性胃腸炎病毒：輪狀病毒概論

　　急性胃腸炎病毒（acute gastroenteritis virus）包括輪狀病毒、杯狀病毒、星狀病毒和腸道腺病毒等。

　　人類輪狀病毒（rotavirus）屬於呼腸病毒科（Reoviridae）輪狀病毒屬，是嬰幼兒腹瀉的最重要的病原體，是嬰幼兒死亡的主要原因之一。依據相關的統計，全世界因為急性胃腸炎而住院的兒童中，有 40 ～ 50% 為輪狀病毒所引起。

　　輪狀病毒其生物學的性狀有以下三項：

1. 形態結構：病毒顆粒呈現球形，直徑大約為 60 ～ 80nm。輪狀病毒無包膜，但是有雙層衣殼，呈現二十面立體對稱，內衣殼的殼微粒沿著病毒體邊緣呈現放射狀排列，形同車輪狀，故以之為名。病毒體的核心為雙鏈 RNA，由 11 個不連續的基因節段所組成。每一個片斷含一個開放讀框，分別編碼 6 個結構蛋白（VP1 ～ VP7）和 5 個非結構蛋白（NSP1 ～ NSP5）。VP1 ～ VP3 位於核心，與病毒的複製有關；VP4 位於外衣殼上，是病毒血凝素，與病毒的吸附有關，也刺激身體產生中和抗體；VP6 位於病毒內層衣殼上，為小組和子組特異性抗原；VP7 是糖蛋白，也位於外衣殼上，屬於型特異性抗原，刺激身體產生中和抗體；非結構蛋白為病毒酶或調節蛋白，在病毒的複製中發揮了重要的功能。

2. 分類：根據病毒 VP6 的抗原性，輪狀病毒分為 7 個組（A ～ G），A 組病毒根據 VP6 又分為 4 個亞組（Ⅰ、Ⅱ、Ⅰ＋Ⅱ、非Ⅰ非Ⅱ）。A 組輪狀病毒根據 VP7 和 VP4 又分為 14 個 G 血清型（VP7 為糖蛋白）和 19 個 P 血清型（VP4 為蛋白）。輪狀病毒基因組片斷由於在聚丙烯醯胺凝膠電泳中移動距離的差別，而形成特徵性的電泳圖譜，不同的輪狀病毒的電泳圖譜不同，據此會對輪狀病毒做快速的鑑定。

3. 抵抗力：輪狀病毒對理化因素的功能有較強的抵抗力。病毒經由 B 醚、氯仿、反覆凍融、超音波、37°C，1 小時或室溫 24 小時等處理，仍具有感染性。該病毒耐酸、鹼、在 pH 值 3.5 ～ 10.0 之間都具有感染性。56°C 加熱 30 分鐘會失活。經由胰蛋白酶運作之後，感染性會增強。

小博士解說

1. 輪狀病毒為嬰幼兒腹瀉的重要病原體。
2. 防治的原則
   (1) 切斷傳染的來源和傳播的途徑。
   (2) 及時補充液體及電解質。

輪狀病毒之生物學性狀

| 形態結構 | ➡ | 球形，雙層衣殼，無包膜，在內視鏡下會呈現車輪狀 |

| 基因組 | ➡ | 雙鏈核糖核酸，有 11 個節段，分別編碼 6 個結構蛋白和 5 個非結構蛋白，其中：病毒基因組 1、2、3 片段編碼核心蛋白 VP1、VP2 和 VP3，具有轉錄酶和複製酶的功能 |

| 在分節段的雙鏈 RNA 的複製時 | ➡ | 易於出現基因重組，抵抗力與脊髓灰質炎病毒相同 |

病毒性胃腸炎：輪狀病毒胃腸炎

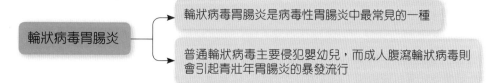

| 輪狀病毒胃腸炎 | → | 輪狀病毒胃腸炎是病毒性胃腸炎中最常見的一種 |
| | → | 普通輪狀病毒主要侵犯嬰幼兒，而成人腹瀉輪狀病毒則會引起青壯年胃腸炎的暴發流行 |

輪狀病毒感染的治療

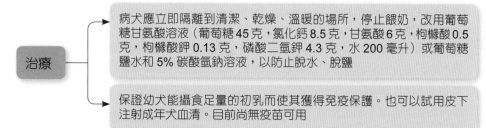

| 治療 | → | 病犬應立即隔離到清潔、乾燥、溫暖的場所，停止餵奶，改用葡萄糖甘氨酸溶液（葡萄糖 45 克，氯化鈣 8.5 克，甘氨酸 6 克，枸橼酸 0.5 克，枸橼酸鉀 0.13 克，磷酸二氫鉀 4.3 克，水 200 毫升）或葡萄糖鹽水和 5% 碳酸氫鈉溶液，以防止脫水、脫鹽 |
| | → | 保證幼犬能攝食足量的初乳而使其獲得免疫保護。也可以試用皮下注射成年犬血清。目前尚無疫苗可用 |

➕ 知識補充站

1. 輪狀病毒：輪狀病毒是人類、哺乳動物和鳥類腹瀉的重要病原體。A 組是引起嬰幼兒重症腹瀉最重要病原體，是嬰幼兒死亡的主要原因之一。B 組引起成人腹瀉。

2. 生物學性狀
   (1) 形態：球形，20 面體立體對稱，雙層衣殼，無包膜，殼粒呈現放射狀排列，外形呈現車輪狀而得名。
   (2) 基因：核酸是雙鏈核糖核酸，由 11 個片段所組成，分別編碼 6 個結構蛋白（VP1~4，VP6，VP7）和 5 個非結構蛋白（NSP1~NSP5）。
   (3) 分類：按照 VP6 的免疫原性不同分為 A~G7 個組 4，抵抗力：較強，耐酸，鹼，乙醚，55℃，30 分鐘失活。

4-7 輪狀病毒：致病性與免疫性、微生物學檢查、防治的原則

（一）致病性與免疫性

　　輪狀病毒主要在冬季流行，通常透過糞 - 口途徑來傳播，感染 6 個月～ 2 歲的嬰幼兒。病毒會侵犯小腸黏膜的絨毛細胞，在胞漿內增殖，受損細胞會脫落至腸腔而釋放大量病毒，並隨著糞便排出。潛伏期 1 ～ 3 天，突然發病，發燒、水樣腹瀉，腹瀉每天會高達 5 ～ 10 次以上。病人腹瀉的原因是：病毒感染導致微絨毛萎縮、脫落和細胞溶解死亡，使腸道吸收功能受損；病毒感染會刺激腺窩細胞增生、使分泌功能增強，水和電介質分泌增加，重新吸收減少；非結構蛋白 P4（NSP4）具有毒素樣功能，透過影響鈣離子通道而影響水的吸收。一般病例的療程為 3 ～ 5 天，為自限性，會完全恢復。嚴重病例會導致脫水和電解質平衡紊亂，若不及時治療，可能會危及生命。

　　感染後血液中很快出現型特異性 IgM、IgG 抗體，腸道局部出現 sIgA，均會中和病毒，對同型病毒感染有保護的功能。隱性感染同樣產生特異性抗體。由於嬰幼兒免疫系統發育尚不完備，sIgA 的含量較低，加上輪狀病毒類別眾多，所以病癒後還會重複地感染。

（二）微生物學檢查

1. 病毒或病毒抗原檢測：取腹瀉糞便液直接作電鏡或免疫電子顯微鏡檢查，由於輪狀病毒有特殊的形態結構，使用直接內視鏡檢查，診斷率高達 90％～ 95％。但是耗時較長，且由於設備上的限制，較難普遍應用。世界衛生組織現已將 ELISA 雙抗體夾心法（檢測病毒抗原）列為診斷輪狀病毒感染的標準方法，目前國內、外均有相關的試劑盒出售。

2. 病毒核酸檢測：萃取病毒核酸，做聚丙烯醯胺凝膠電泳，根據該病毒基因片斷特殊分布圖形來做分析判斷，在診斷和分子流行病學研究中發揮重要的功能。

（三）防治的原則

　　控制傳染的來源，切斷傳播的途徑，並注意防止醫源性傳播，醫院內應嚴格做好嬰兒病區及產房的嬰兒室消毒工作。目前尚無有效的治療藥物，主要是輸液、補充血液的容量，糾正身體電解質平衡等支援式療法，以減少疾病的死亡率。國外曾有報導輪狀病毒活疫苗會使兒童獲得保護。

致病性與免疫性

傳播的途徑	1. 糞 - 口途徑
	2. 呼吸道
	3. 氣溶膠（動物）
所導致疾病的病變部位在小腸	A-C 組引起人類和動物腹瀉，D-G 組只會引起動物腹瀉；霍亂狀腹瀉為 A 組導致嬰幼兒（6 個月至 2 歲）胃腸炎；B 組會導致年長兒童和成人暴發流行；C 組類似於 A，其發病率較低
免疫性特異性抗體有同型保護（SIgA 相當重要）	細胞免疫有交叉保護的功能

微生物學檢查

檢查病毒或病毒抗原內視鏡或免疫內視鏡來測量病毒顆粒	➡	診斷率為 90％ -95％，使用 ELISA 或乳膠法來檢測病毒和抗原
分子生物學的檢測技術	➡	1. 電泳法（特殊的分布圖） 2. RT-PCR 分類
細胞的培養	➡	以細胞的培養來分離病毒
病毒核酸檢測	➡	PAGE 或 RT-PCR

+ 知識補充站

1. 致病性與免疫性：A~C 組會引起人類和動物腹瀉，以 A 組輪狀病毒感染最為常見，會引起 6 月 ~2 歲嬰幼兒嚴重的胃腸炎，占病毒性胃腸炎的 80％ 以上，是嬰幼兒死亡的主要原因之一。在國內常稱為秋季腹瀉。傳染來源為：病人和無症狀攜帶者傳播途徑：糞 - 口，也可以經由呼吸道。

2. 防治的原則
   (1) 控制傳染的來源，切斷傳播的途徑。
   (2) 在治療時要注意補液，糾正電解質的平衡。
   (3) 口服減毒活疫苗。

4-8 急性胃腸炎病毒：杯狀病毒與星狀病毒

（一）杯狀病毒

杯狀病毒（calicivirus）是一種具有典型杯狀形態的圓型、無包膜的 RNA 病毒。引起人類胃腸炎的杯狀病毒主要爲諾瓦克病毒（Norwalk virus）。其命名是根據 1972 年在美國 Norwalk 一所小學暴發的流行性胃腸炎中發現的病毒。而後又發現一些與之相類似引起急性腸胃炎的病毒，統稱爲諾瓦克型病毒（Norwalk-like viruses）。

杯狀病毒爲球形結構，直徑大約爲 27 ～ 38nm，並無包膜。內視鏡觀察會見到病毒顆粒表面有 32 個特徵性的杯狀凹陷。基因組爲單股正鏈、不分節段的 RNA，長大約爲 7.3 ～ 7.7kb，有三個開放的讀碼架構。只有一種衣殼蛋白。人類是目前所知的唯一中間宿主。尙不能細胞培養，也無合適的動物模型。

杯狀病毒感染呈現世界性流行，常見於成人及學齡兒童。流行季節爲冬季。病人、隱性感染者、健康帶毒者爲傳染的來源。主要傳播途徑爲糞 - 口途徑，其次爲呼吸道。傳染性較強。污染的水源和食物，尤其是海產品是引起流行的重要原因。

病毒感染引起小腸絨毛輕度萎縮和黏膜上皮細胞的破壞。潛伏期大約爲 24 小時，突然發病，噁心、嘔吐、腹痛和輕度腹瀉，呈現自我限制性，並無死亡的發生。在感染之後會產生相應的抗體。抗體的保護功能並不明確，但是具有輔助性的診斷價值。

透過檢測病毒抗原或抗體滴度，會確定病毒感染。目前尙無有效的特異性治療及預防的方法。以支援式及對症治療爲主。

（二）星狀病毒

人類星狀病毒爲球形，直徑大約爲 28 ～ 30nm，並無包膜。在內視鏡下呈現特徵性的星狀結構，有 5 ～ 6 個角。核酸爲單正鏈 RNA，長大約爲 7.0kb，兩端爲非編碼區，中間有三個重疊的開放讀碼架構。

該病毒呈現世界性的分布，易於感染者爲 5 歲以下嬰幼兒。病毒透過糞 - 口途徑來傳播，病毒在十二指腸黏膜細胞之中會大量增殖，而造成細胞的死亡，並釋放病毒於腸腔中，透過糞便來排出，污染周圍環境，引起易於感染者發生感染。該病毒是醫院內感染的主要病原體。會潛伏期 3 ～ 4 天，症狀包括發燒、頭痛、噁心、腹瀉，後者會持續 2 ～ 3 天之久，甚至更長。在感染之後所產生的抗體會有保護的功能，而且免疫力較爲牢固。

杯狀病毒

球形	➡	表面有杯狀升凹陷,並無包膜
會引起非細菌性胃腸炎	➡	為暴發流行病最重要的病原體
污染的海產品	➡	是引起流行病的重要原因
若破壞小腸絨毛和黏膜上皮細胞	➡	則會引起嘔吐與腹瀉

星狀病毒

球形	➡	表面結構呈現星形,有 5 ～ 6 個角
會侵犯十二指腸的黏膜細胞	➡	在細胞死亡之後會將病毒釋放於腸腔之中
在感染之後	➡	則免疫力會牢固
星狀病毒	➡	是醫院內部感染的主要病原體之一

✚ 知識補充站

1. 腸道腺病毒:40、41、42 型為引起嬰兒腹瀉第 2 位病原體,主要侵犯 5 歲以下的兒童,在夏季較為多見,會引起水狀腹瀉,會伴隨著咽炎、咳嗽等症狀。

2. 杯狀病毒:表面有杯狀凹陷,會導致爆發性腹瀉,大多見於冬季。

3. 星狀病毒: 呈現星狀,有 5-6 個角,會導致 5 歲以下的兒童腹瀉。

NOTE

第 5 章
肝炎病毒

1. 掌握肝炎病毒的類型及傳播途徑

2. 掌握 B 型肝炎病毒的生物學性狀及致病性

3. 熟悉肝炎病毒的防治原則

5-1　肝炎病毒概論

（一）肝炎病毒概論

　　肝炎病毒 (Hepatitis Virus) 是引起病毒性肝炎的一組病原體的總稱，目前公認的人類肝炎病毒至少有 5 種型別，包括 A 型肝炎病毒、B 型肝炎病毒、C 型肝炎病毒、D 型肝炎病毒及 E 型肝炎病毒。這些病毒分屬不同的病毒科，生物學性狀也不同，臨床表現和流行病學特徵各不相同（如右表所示）。其中 A 型肝炎病毒與 E 型肝炎病毒經由消化道傳播，引起急性肝炎，不轉化爲慢性肝炎或慢性攜帶者。B 型與 C 型肝炎病毒均由輸血、血製品或注射器污染而傳播，除了引起急性肝炎之外，會導致慢性肝炎，並與肝硬化及肝癌相關。D 型肝炎病毒爲一種缺陷病毒，必須在 B 型肝炎病毒等輔助之下方能複製，故其傳播途徑與 B 型肝炎病毒相同。近年來還發現一些與人類肝炎相關的病毒，例如 F 型肝炎病毒（HFV）、G 型肝炎病毒（HGV）和 TT 型肝炎病毒（TTV）等。流行病學相關的研究證實，HFV 是一種類經由消化道傳播的病原體，但目前病毒的分離與基因複製均未成功。HGV 與 TTV 的基因組序列均已確認，但是其致病性尚未能確定，故是否是一類新的人類肝炎病原體仍存在爭議，尚需要進一步地證實。另外，還有一些病毒，例如巨細胞病毒、EB 病毒、黃熱病病毒、風疹病毒等也會引起肝炎，但大多屬於繼發性的，故不列入肝炎病毒的範疇。

（二）國內肝炎病毒流行病學的特點

1. 高發區：臺灣是病毒性肝炎的高發區。
2. 種類多：目前已知的 A、B、C、D、E、F、G 及 TTV 型肝炎，在國內均有發生，其中尤以 A、B、C、E 四個型別的流行情況較爲嚴重。 以 B 肝病毒攜帶者最多。
3. 危害較大：可以說，病毒性肝炎是對國內危害最爲嚴重的傳染病，會導致肝癌、肝硬化。

小博士解說

　　肝炎病毒是引起病毒性肝炎的病原體，這些病毒分別屬於不同病毒科，性狀顯著不同，但是均以肝細胞為唯一複製的場所，會引起病毒性肝炎。

肝炎病毒的分類與功能

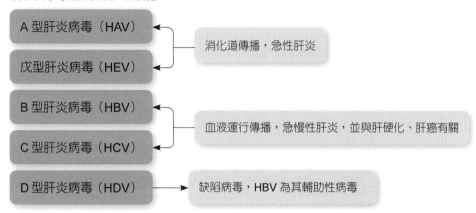

A 型肝炎病毒（HAV）
戊型肝炎病毒（HEV）
　→ 消化道傳播，急性肝炎

B 型肝炎病毒（HBV）
C 型肝炎病毒（HCV）
　→ 血液運行傳播，急慢性肝炎，並與肝硬化、肝癌有關

D 型肝炎病毒（HDV）
　→ 缺陷病毒，HBV 為其輔助性病毒

肝炎病毒分類的特點

HAV、HEV	經由口或消化道傳播	急性肝炎
HBV、HCV	血液、體液、母嬰傳播	急 / 慢性肝炎，與肝硬化、肝癌相關
HDV（缺陷病毒）：缺陷病毒，HBV 為其輔助性病毒	血液傳播、體液、母嬰傳播	慢 / 急性肝炎
E 型肝炎病毒（HEV）	經由口或消化道傳播	急性肝炎
HFV	消化道傳播	慢 / 急性肝炎
HGV	血液傳播	慢 / 急性肝炎
TTV	血液傳播	慢 / 急性肝炎
其他的病毒：黃熱病毒，巨細胞病毒，EB 病毒，風疹病毒等		

各型肝炎病毒性狀比較

名稱　　特性	A 型肝炎病毒	B 型肝炎病毒	C 型肝炎病毒	D 型肝炎病毒	E 型肝炎病毒	G 型型肝炎病毒
病毒分類	小型 RNA 病毒	嗜肝 DNA 病毒	黃病毒	缺陷病毒	杯狀病毒	黃病毒
核酸類型	+s Srna	dsDNA	+ssRNA	-ssRNA	+ssRNA	+ssRNA
傳播方式	糞 - 口途徑	血液、母嬰、性接觸	血液、母嬰、性接觸	血液、母嬰、性接觸	糞 - 口途徑	血液、母嬰、性接觸
急性感染	+	+	+	+	+	+
慢性感染	—	+	+	+	—	?
誘發肝癌	—	+	+	?	—	?

5-2　A 型肝炎病毒的生物學性狀

　　A 型肝炎病毒（hepatitis A virus, HAV）是 A 型肝炎的病原體，Feinstone 在 1973 年採用免疫內視鏡技術首先在急性期肝炎患者的糞便中發現了該病毒。A 型肝炎呈現全球性的分布。本病毒經由糞 - 口途徑來傳播。主要感染兒童和青少年，會造成暴發或散發流行。潛伏期較短，發病較急，一般並不會轉化為慢性，亦無慢性攜帶者，預後相當良好。

　　A 型肝炎病毒其生物學性狀列述如下：

1. 形態與結構：HAV 病毒體會呈現球形，直徑大約為 27nm，20 面體立體對稱，無包膜。HAV 的核酸為單正鏈 RNA，長大約 7500 個核苷酸，基因結構由 5' 末端非編碼區、編碼區和 3' 末端非編碼區及 polyA 尾組成，在 5' 末端以共價形式連接　由病毒基因編碼的細小蛋白質，稱為病毒基因組蛋白（viral protein, genomic, VPg）。編碼區只有一個開放讀碼框，所編碼的結構蛋白是一個大分子蛋白質，經過酶水解之後斷裂形成不同片斷多肽，例如 VP1、VP2、VP3 及 VP4。這些多肽組成病毒衣殼蛋白，包圍並保護核酸。編碼區還編碼病毒複製所需的 RNA 多聚酶、蛋白酶等。病毒的衣殼蛋白有抗原性（HAVAg），會誘生特異性抗體。HAV 的抗原性穩定，迄今在世界各地分離的 HAV 均只有一個血清型。

2. 抵抗力：HAV 對環境的抵抗力強，對 B 醚、酸（pH 值為 3）和熱（60°C，1 小時）有較強的抵抗力，不被失活。病毒對低溫穩定，在 -20°C 儲存數年仍會保持感染性。但是在下列的條件下會失活病毒：在 100°C 運作 5 分鐘，1mg/L 游離氧運作 30 分鐘，紫外線照射 1 分鐘，1：4000A 醛於 37°C 之下處理 3 天等。

3. 病毒與培養

   (1) 敏感動物：黑猩猩和狨猴及我國獼猴屬中的紅面猴對 HAV 易感，經口或靜脈注射可使動物發生肝炎，感染後在肝細胞漿及糞便中可以檢查出病毒顆粒。恢復期血清中能檢出 HAV 的相應抗體。動物模型的主要用途在於病毒發病及免疫機制的研究，以及對減毒活疫苗的毒力和免疫效果進行考核，並可以做抗病毒藥物的篩選等。

   (2) 細胞培養：1979 年，Provost 等首次在原代肝細胞或恒河猴胚腎傳代細胞株中培養病毒成功。以後的研究發現，HAV 亦可以在人胚肺二倍體細胞及肝癌細胞株等多種細胞中增值，證實不少細胞株均會對 HAV 易感。HAV 增殖非常緩慢，自細胞釋放亦十分緩慢，不會引起細胞裂解。因此，自標本中分離 HAV 常需要數週甚至數月之久，並很難獲得大量病毒。使用免疫螢光染色法，可以檢查出細胞培養中的 HAV；將病毒感染的培養細胞裂解之後，使用放射免疫法可檢測 HAV 的抗原成分。

HAV 的致病性過程

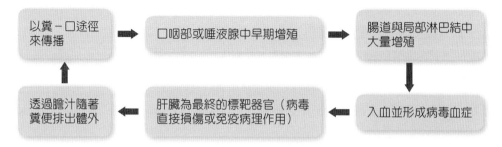

以糞－口途徑來傳播 → 口咽部或唾液腺中早期增殖 → 腸道與局部淋巴結中大量增殖

入血並形成病毒血症 ← 肝臟為最終的標靶器官（病毒直接損傷或免疫病理作用）← 透過膽汁隨著糞便排出體外

A 肝的防治

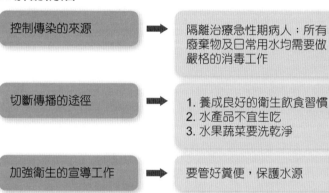

控制傳染的來源 → 隔離治療急性期病人；所有廢棄物及日常用水均需要做嚴格的消毒工作

切斷傳播的途徑 → 1. 養成良好的衛生飲食習慣
2. 水產品不宜生吃
3. 水果蔬菜要洗乾淨

加強衛生的宣導工作 → 要管好糞便，保護水源

HAV 肝病毒的生物學性狀

屬於小型 RNA 病毒科	為腸道病毒 72 型
並無包膜，為球形病毒，直徑為 27 奈米，呈現 20 面立體對稱	1. 外面為一獨立外殼，內部含有一個單鏈的 RNA 分子 2. 編碼的大分子蛋白經過酶解之後會形成結構蛋白（VP1 ～ VP4）和各種功能性蛋白 3. HAV 只有一個血清型

HAV 的其他生物學特性

培養的特性	1. 原代肝細胞或恒河猴胚腎傳代株細胞對 HAV 敏感，亦可以在其他細胞株（例如人胚肺二倍體細胞）內增殖，生長緩慢，不會引起細胞裂解 2. 動物模型為黑猩猩、絨猴及紅面猴
抵抗力	1. 比腸道病毒更耐熱，在 60℃，1 小時不被失活，在 100℃，5 分鐘會失活 2. 對乙醚、酸處理（pH 值為 3）均有抵抗力 3. 在污水、海水及食品中可存活數月或更久 4. 氯消毒、紫外線照射、福馬林處理均會破壞其傳染性

＋ 知識補充站

1. 病毒的分類：HAV 原來歸類於小型 RNA 病毒科的腸道病毒 72 型，但是近年來的研究顯示，其許多生物學特性與腸道病毒明顯地不同，現在已將其歸類為小型 RNA 病毒科的一個新屬：肝 RNA 病毒屬（Hepatornaviridae）。

2. 防治的原則：HAV 主要透過糞便污染飲食和水源，經由口來傳播。因此加強衛生宣導工作和飲食業衛生管理，管好糞便，保護水源，是預防 A 肝的主要關鍵。病人排泄物、食具、物品和床單衣物等，要認真消毒處理。C 種球蛋白注射對 A 肝有被動免疫預防功能。國外研製的失活疫苗，在數個國家試用有效，但是價格昂貴。目前國外正在研製基因工程子單位疫苗和基因工程載體疫苗等新型 A 型肝炎病毒疫苗。

5-3　Ａ型肝炎病毒的致病性與免疫性

（一）傳染的來源與傳播的途徑

HAV 主要透過糞口途徑來傳播，傳染來源爲病人和隱性感染者，Ａ型肝炎的潛伏期爲 15～50 天，在潛伏期的末期，病毒就存在於患者的血液和糞便中，於急性期初達到高峰。至出現黃疸或 ALT 達高峰時，糞便排出 HAV 量則會逐漸地減少，至發病之後 2～3 週，隨著腸道中抗 -HAV IgA 及血清中抗 -HAV IgM/IgG 的產生，糞便中不再排出病毒，故Ａ肝病人一般於發病後 3 週並無傳染性。HAV 隨著患者糞便排出體外，透過污染水源、食物、海產品（毛蚶等）、食具等傳播而造成散發性流行或大流行。由於 HAV 比腸道病毒更爲耐熱、耐氯化物的消毒作用，故可在污染的廢水、海水及食品中存活數月或更久。在 HAV 感染之後，出現的病毒血症持續時間較短，故較少透過輸血，注射方式來傳播。

（二）致病機制與免疫性

HAV 經由口侵入人體，在口咽部或唾液腺中做早期的增殖，然後在腸黏膜與局部淋巴結中大量增殖，並侵入血流，引起短暫的病毒血症，最終侵犯標靶器官肝臟，在細胞內增殖而致病。由於病毒在細胞培養中增殖緩慢並不直接造成明顯的細胞損害，故其致病機制除了早期的臨床症狀由病毒直接作用之外，身體的免疫回應在引起肝組織損害中發揮相當程度的功能。Ａ型肝炎的臨床表現有發燒乏力，食慾不振，腹脹、噁心、厭油，繼而出現肝臟腫大、壓痛，肝功能損害，部分患者會出現黃疸。在Ａ型肝炎的顯性感染或隱性感染中，身體都會產生抗 -HAV 的 IgM 和 IgG 抗體。前者在急性期和恢復早期出現；後者在恢復後期會出現，並會維持多年。對病毒的再感染有免疫力。在 IgM 出現的同時，從糞便中可以檢查出抗 -HAV sIgA。Ａ型肝炎的預後較好，在身體感染之後，對 HAV 會產生持久的免疫力，阻止再感染。

（三）微生物學檢查

Ａ型肝炎患者一般不做病原學分離檢查，微生物學檢查以測定病毒抗原或抗體爲主。可以採用放射免疫或酶聯免疫吸附實驗檢測病人血清中抗 -HAV IgM、HAV IgG 及病毒抗原；使用核酸雜交及 RT-PCR 法檢測標本中的病毒 RNA；使用免疫內視鏡檢測 HAV 顆粒；而細胞培養則主要用於外部環境中 HAV 檢測及失活疫苗的安全性檢測。

小博士解說
常見的症狀：流感狀症狀、厭食、噁心、黃疸（眼部及皮膚呈現黃色）、尿黃、腹痛、乏力。

A 型肝炎病毒的致病機制

根據
1. HAV 為非溶細胞型病毒
2. 排毒高峰先於轉氨酶高峰（增殖）（破壞肝細胞）

→ 證明 →

1. HAV 並不直接損傷肝細胞
2. 主要為免疫病理損傷

A 肝病毒的致病性：A 型肝炎

傳播的途徑	以糞—口的途徑來傳播
傳染的來源	傳染的來源大多為 A 肝患者，HAV 在轉氨酶升高之前 5 ～ 6 天即存在於血液和糞便中，隨著抗 HAV IgA 和 IgG/IgM 的出現，糞便不再排出病毒
傳播的介質	透過污染的水源，食物，海產品，食具等傳播
流行的結果	常會造成散發性流行或大面積流行
有自我限制性	並不會發展成慢性肝炎

A 肝病毒的致病性流程

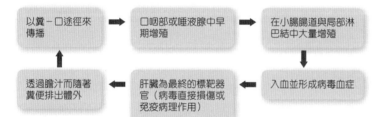

以糞—口途徑來傳播	→	口咽部或唾液腺中早期增殖	→	在小腸腸道與局部淋巴結中大量增殖
↑				↓
透過膽汁而隨著糞便排出體外	←	肝臟為最終的標靶器官（病毒直接損傷或免疫病理作用）	←	入血並形成病毒血症

知識補充站

1. 被動免疫：可以使用 C 種球蛋白（0.02～0.12 毫升 / 公斤體重）；免疫預防對象是未感染者，主要為兒童和與肝炎病人有密切接觸者
2. 主動免疫：減毒活疫苗（0，12）或滅活疫苗（0，1，6），基因工程疫苗正在研製之中。

A 肝病毒的免疫性

HAV	HAV 只存在單一的抗原抗體系統，即 HAVAg 和抗 -HAV
無論顯性感染還是隱性感染	均會誘生出高效價抗 -HAV
A 肝的確診依據	抗 -HAV IgM 陽性反應是 A 肝的確診依據
IgM 型抗體	在感染後僅持續存於 3-6 個月的 IgG 型抗體則可能已經存在多年

A 肝的微生物學檢查

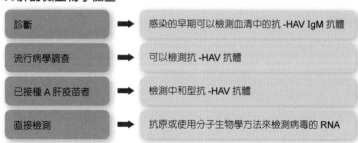

診斷	→	感染的早期可以檢測血清中的抗 -HAV IgM 抗體
流行病學調查	→	可以檢測抗 -HAV 抗體
已接種 A 肝疫苗者	→	檢測中和型抗 -HAV 抗體
直接檢測	→	抗原或使用分子生物學方法來檢測病毒的 RNA

A 肝病毒的臨床表現

主要見於兒童、青少年	大多為隱性感染
潛伏期	15-50 天（30 天）
臨床的類型	1. 急性黃疸性肝炎：療程為 4-8 週，自限性，預後較好 2. 急性無黃疸性肝炎：不會轉化為慢性，無肝硬化重型肝炎（急性肝壞死）比較少見

5-4　B 型肝炎病毒：生物學的性狀

　　B 型肝炎病毒（hepatitis B virus, HBV）屬於嗜肝 DNA 病毒科（hepadnaviridae）正嗜肝 DNA 病毒屬，引起 B 型肝炎。HBV 在全球之內傳播，目前估計全世界有 B 型肝炎患者及無症狀 HBV 攜帶者高達 3.5 億人之多。HBV 感染後臨床表現因爲病人及病毒感染量的不同而呈現多樣性，表現爲重症肝炎，急性肝炎，慢性肝炎或無症狀攜帶者，大約有 10% 的 B 型肝炎可以轉變爲慢性肝炎，繼而演變爲肝硬化，原發性肝細胞癌。

（一）生物學的性狀

　　形態與結構：將 B 肝病人的血清在內視鏡下觀察，可以發現有 3 種不同形態的病毒顆粒：

1. 大球形顆粒：是具有感染性的完整的 HBV 顆粒，呈現球形，直徑爲 42nm，具有雙層衣殼。是英國科學家 Dane 於 1970 年首先在 HBsAg 陽性反應患者的血清中發現，故又稱爲 Dane 顆粒。其外衣殼厚約 7nm，相當於一般病毒的包膜，由脂質雙層與蛋白質組成，HBV 的表面抗原（HBsAg 及少量 PreS1 和 PreS2）即鑲嵌於此脂質雙層中。用去垢劑去除病毒的外衣殼 , 可暴露一電子密度較大的直徑爲 27nm 的 20 面體結構，其表面爲病毒的內衣殼，內衣殼病毒蛋白爲 HBV 核心抗原（HBcAg）。經過酶或去垢劑功能之後，會暴露出 e 抗原（HBeAg）。HBeAg 可以自肝細胞分泌而存在於血清中，而 HBcAg 則僅存在於感染的肝細胞核內，一般不存在於血循環中。Dane 顆粒的內部含有雙鏈 DNA 和 DNA 多聚酶等。

2. 小球形顆粒：直徑爲 22nm，成分主要爲 HBsAg，一般很少含 PreS1 或 PreS2 抗原。不含病毒核酸 DNA 及 DNA 多聚酶。大量存在於 HBV 感染者血流中，無傳染性，可刺激身體產生相應的抗體，此抗體具有中和病毒的功能。小球形顆粒是由 HBV 感染肝細胞時產生的過剩的病毒衣殼裝配而成的。

3. 管形顆粒：直徑爲 22nm，長爲 100 ～ 500nm，亦存在於血流中。此種顆粒是由小球形顆粒聚合而成，具有與 HBsAg 相同的抗原性。

（二）B 肝病毒的其他生物學性狀

1. 培養（難培養）：(1) 黑猩猩動物模型，鴨動物模型；(2) 病毒的 DNA 轉染的細胞可表達相應抗原，甚至能產生 Dane 顆粒。

2. 抵抗力（強）：(1) 對低溫乾燥紫外線耐受；(2) 不被 70% 乙醇失活；(3) 高壓滅菌，環氧乙烷，0.5% 過氧乙酸，5% 次氯酸鈉，100°C，10 分鐘可以失活。
　　生物學的性狀：B 肝病毒屬於嗜肝 DNA 病毒科，正嗜肝 DNA 病毒屬。

形態與結構（3 種形態）

大球形顆粒（Dane 顆粒）	➡	1. 概念：球形，具有感染性的 HBV 完整顆粒，42 奈米，雙層衣殼。1970 年，丹麥人首先在 B 肝感染者血清中發現，所以又稱為 Dane 顆粒 2. 結構：核心：雙鏈 DNA 和 DNA 多聚酶；雙層衣殼： (1) 外衣殼（包膜）：PreS1、PreS2、HBsAg (2) 內衣殼 -HBcAg（肝細胞核內）、e 抗原（可以存在於血清中）
小球形顆粒		
管形顆粒		

HBV 的小球形顆粒

成分為 HBsAg，由 HBV 過剩的病毒衣殼裝配而成

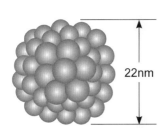

22nm

HBV 的管形顆粒

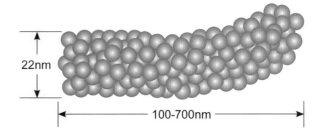

22nm

100-700nm

B 型肝炎致病性：流行病學

傳染的來源	➡	患者或無症狀 HBsAg 攜帶者
傳播的途徑	➡	1. 血液（2×10-4g) 及血製品，甚至體液） 2. 母嬰的傳播：胎盤，產道，哺乳
易於感染的族群	➡	普遍易於感染
潛伏期	➡	30 ～ 160 天

5-5 B 型肝炎病毒：基因的結構與功能

1. HBV DNA 的結構為雙鏈環狀 DNA，兩條鏈的長度不同，長鏈為負鏈，長度固定，大約為 3200bp；短鏈為正鏈，長短因為各個病毒體而不等，大約為 50%～90% 長鏈的長度。兩條 DNA 鏈的 5' 末端有長大約為 250～300 個核苷酸可以互相配對，透過鹼基配對構成環狀 DNA 結構。

2. 在負鏈 DNA 的 5' 末端有一低分子量的蛋白質，在正鏈的 5' 末端則有一段較短的 RNA，它們是引導 DNA 合成的引物。

3. 病毒體的 DNA 多聚酶既具有以 RNA 為範本合成 DNA 的逆轉錄酶功能，又有催化合成 DNA 的多聚酶功能，故成為目前研究抑制病毒複製藥物的標靶。

4. HBV 基因組較小，僅含有大約 3200 個核苷酸。正鏈 DNA 無開放讀碼框，負鏈 DNA 含有 4 個開放讀碼框（ORF），分別稱為 S、C、P 和 X 區。S 區中有 S 基因、前 S1（PreS1）和前 S2 基因（PreS2），分別編碼 HBV 外衣殼蛋白（HBsAg，PreS1 與 PreS2 抗原）。

5. C 區中有 C 基因及前 C 基因，分別編碼 HBcAg 及 HBeAg。

6. P 區最長，編碼 DNA 多聚酶等。X 區編碼的蛋白稱為 HBxAg，反式啟動細胞內的某些癌基因及病毒基因，與肝癌的發生與發展有關。

7. 正、負鏈的黏性末端兩側分別有 11 個核苷酸組成的重複序列（direct repeat, DR），分別自核苷酸的 1824 和 1590 開始，稱為 DR1（5'-TTCACCTCTGC）和 DR2（5'-TTCACCTCTGC）。

小博士解說

Blumberg 原來是研究人類遺傳學的科學家，1963 年在研究人類血清蛋白的多型性時，發現患者血清中有一種特殊的抗體，該抗體只能和澳洲土著人的血清起反應，因而認為這些澳洲土著人體內有一種特殊的抗原，當時他命名為「澳抗」。之後，他發現「澳抗」是一種特殊的血清蛋白。經過 7 年的執著追求，分析這一新問題，終於發現了「澳抗」就是 B 肝病毒的表面抗原，並因此獲得諾貝爾獎。

HBV 基因編碼的產物

S 區（S 基因）：前 S1 和前 S2 基因	➡ 分別編碼 HBsAg，前 S1 和前 S2 抗原
C 區：Ç 基因和前 Ç 基因	➡ 分別編碼 HBcAg 和 HBeAg
P 區編碼	➡ P 基因編碼 DNA 多重聚合酶（逆轉錄酶功能）
X 區編碼	➡ X 基因編碼 HBxAg，會反式啓動肝細胞癌基因的轉錄，可能與肝癌的發生與發展有關。

HBV 顆粒存在的形式

HBV 在感染者血清中主要以三種形式存在

小球形顆粒	直徑大約為 22nm
管形顆粒	直徑大約為 22nm，長度 100 ～ 1000nm。這兩種顆粒均由與病毒包膜相同的脂蛋白（即 B 型肝炎表面抗原，HBsAg）所組成，不含核酸，一般並無傳染性
大球形顆粒	1. 即完整的 HBV 顆粒，也稱為 Dane 顆粒，直徑大約為 42nm，分為包膜和核心兩部分 2. 包膜含 HBsAg、糖蛋白和細胞脂肪，厚 7nm，核心直接 28nm，內含核心蛋白（即 B 型肝炎核心抗原，HBcAg）、環狀雙股 HBV-DNA 和 HBV-DNA 多聚酶

✛ 知識補充站

B 肝病毒的基因組結構：雙鏈 DNA 包含正鏈（短鏈）與負鏈（長鏈），3200 個核苷酸不完全雙鏈環狀的 DNA，含有 4 個開放閱讀框。

5-6 B 型肝炎病毒：抗原的組成

1. 表面抗原（HBsAg）：是一種糖脂蛋白，分子量為 25kDa，存在於 Dane 顆粒外衣殼，小球型顆粒和管形顆粒之上。包括 S 蛋白（HBsAg），前 S1 蛋白（PreS1 Ag）和 S2 蛋白（PreS2 Ag）。HBsAg 是病毒外衣殼的主要蛋白。HBsAg 大量存在於感染者血中，是 HBV 感染的主要指標。HBsAg 具有抗原性，可引起身體產生特異性的抗 -HBs，抗 -HBs 是一種保護性抗體，可以中和血液中的 HBV, 也是製備 B 型肝炎疫苗的主要成分。故血清中出現 HBs-Ab, 被認為是 B 型肝炎恢復的指標。目前的研究證實，HBsAg 有四個基本子型，即 adr，adw，ayr 和 ayw。其中 a 抗原為各子型均有的共同抗原表位，而 d/y 和 w/r 抗原為兩組互相排斥的亞型抗原表位。HBsAg 子型的分布有明顯的地區、種族差異，漢人和日本則以 adr 較為多見，非洲及地中海沿岸大多為 ayw，歐美國家大多為 adw，遠東地區則以 ayr 為主。因為有共同的 a 抗原，故製備疫苗時各子型之間有交叉免疫的保護功能。PreS1 及 PreS2 抗原在病毒外衣殼中占的比例較少，具有與肝細胞受體結合的表位，有助於病毒侵入肝細胞。其抗原性比 HBsAg 更強，抗 -PreS2 和抗 -PreS1 可以阻斷 HBV 與肝細胞結合，發揮抗病毒的功能，血清中出現此類抗體，顯示病情好轉。

2. 核心抗原（HBcAg）：存在於 Dane 顆粒核心結構的表面，為病毒的內衣殼成分，相對分子品質為 22kDa。因其外被 HBsAg 所包圍，故不易在血循環中檢出。HBcAg 的抗原性強，能刺激身體產生抗 -HBc。抗 -HBc 為非中和性抗體，對病毒的感染無保護性功能。HBcAg 可存在於感染的肝細胞表面，能被 CTL 識別，在清除 HBV 感染細胞中有重要功能。

3. e 抗原（HBeAg）：HBeAg 相對分子品質為 19kDa，是由 PreC 基因及 C 基因編碼，整體轉錄及翻譯後加工而成的一類可溶性蛋白質，會出現在病毒感染的肝細胞表面及游離存在於患者血中，其消長與病毒體及 DNA 多聚酶的消長基本一致，故可以作為 HBV 複製及具有強感染性的一個指標。HBeAg 具有抗原性，會刺激身體產生抗 -HBe，抗 -HBe 能與受到感染肝細胞表面的 HBeAg 結合，透過補體介導破壞受染的肝細胞，故對 HBV 感染有一定的保護功能。因此抗 -HBe 的出現是預後良好的徵兆。

4. X 抗原（HBxAg）：HBx Ag 相對分子品質為 17kDa，由 X 基因編碼，定位於感染細胞胞質或胞核中，不同子型的 X 蛋白氨基酸不同。X 蛋白的抗原性很弱，往往只在病毒感染的某個特定階段才能測出，與感染期病毒複製有關，可以作為病毒複製的指標。抗 X 蛋白抗體只出現在病毒持續複製和肝細胞炎症崩解的病人血清中，常見於慢性肝炎、肝硬化和肝癌病人中。HBxAg 具有反式啟動的功能，可以調控病毒基因轉錄水準，並對宿主癌基因可能有啟動功能，認為該抗原的過度表達，與肝細胞肝癌的發生有關。

HBV 的抗原架構

表面抗原 HBsAg	1. 2 個子單位：gp27、gp24
	2. 是 HBV 感染的主要指標：大量存在感染者血液中
	3. 有抗原性，疫苗的主要成分：保護性 Ab（HBsAb）
	4. 分子型（a, d/y, w/r,）：adr, adw, ayr, ayw
	5. Pre S1、Pre S2 有吸附肝細胞的表位，抗原性更強：抗 - Pre S1 和抗 - Pre S2
核心抗原 HBcAg	1. 僅存在於 Dane 顆粒之中
	2. 不易在血液中檢出：內衣殼表面，被 HBsAg 覆蓋
	3. 感染的肝細胞表面存在：Tc
	4. 刺激身體產生抗 HBc（IgG、IgM）：抗原性強
	5. 抗－HBcIgM（＋）：證實病毒正在複製
e 抗原 HBeAg	1. 游離存在於血液中：可溶性蛋白質
	2. 為病毒複製及強傳染性的指標：消長與病毒體及 DNA 多聚酶的消長基本一致
	3. 產生抗－HBe：啟動補體，溶解標靶細胞。是預後良好的徵象
	4. 變異株：PreC 突變，不轉錄 HBeAg，抗－HBe 陽性反應仍然大量複製

HBV 的抗原及抗體

1. HBV 的抗原有 3 種：表面抗原（HBsAg）、核心抗原（HBcAg）和 e 抗原（HBeAg）
2. 表面抗原大量存在於感染者血液中，是 HBV 感染以及檢測的主要指標
3. 它具有抗原性，可以誘導身體產生特異保護性的抗 -HBs，也是製備疫苗的最主要成分
4. 核心抗原由 183 個或 185 個氨基酸所組成，高度磷酸化，是 B 肝病毒核心顆粒的唯一結構蛋白。正由於它存在於 Dane 顆粒核心結構表面，被表面抗原覆蓋，故不易在血循環中檢出
5. 核心抗原具有強免疫原性，會誘導很強的體液免疫和細胞免疫，刺激身體產生抗 -HBc
6. e 抗原為可溶性蛋白質，傳染性強，游離存在於血液中，雖然很早就被發現，在病理上認為是 HBV 複製以具有強感染性的一個指標，但是其功能尚不十分清楚。抗 -HBe 的出現，是預後良好的徵象

5-7　B 型肝炎病毒：病毒培養與增殖

1. 動物模型與細胞培養：黑猩猩是對 HBV 最為敏感的動物，常用其做 HBV 的致病機制研究和疫苗效價比及安全性評估。在 1980 年以來，在鴨、土撥鼠及地松鼠中分別發現了與 HBV 基因結構相似的鴨 B 型肝炎病毒，已被共同列入嗜肝 DNA 病毒科。HBV 尚不能在細胞培養中分離及培養，目前採用的細胞培養系統是病毒 DNA 轉染系統。將病毒 DNA 導入肝癌細胞株之後，病毒可以加以複製，在培養細胞中表達 HBsAg、HBcAg 並分泌 HBeAg，有些細胞株還可持續地產生 Dane 顆粒。這些細胞培養系統主要用於抗 HBV 藥物的篩選。使用 S 基因轉染地鼠卵巢細胞（CHO 細胞），可以分泌 HBsAg 而不含有其他的病毒蛋白，已經用於製備 B 型肝炎疫苗。

2. HBV 的複製過程

   (1) HBV 吸附並進入肝細胞之後，脫去衣殼，病毒的 DNA 進入肝細胞核內。

   (2) 在 DNA 多聚酶的催化下，以負鏈 DNA 為範本，修補延長正鏈 DNA 缺損區，形成完整的環狀雙鏈 DNA。

   (3) 雙鏈 DNA 形成超螺旋環狀 DNA，在細胞 RNA 多聚酶的運作之下，以負鏈 DNA 為範本，轉錄形成長度分別為 2.1kb 和 3.5kb 的 RNA。前者作為 mRNA 轉譯出外衣殼蛋白；後者除了轉譯出內衣殼蛋白之外，還作為病毒 DNA 複製的範本，所以亦稱其為前基因組（pregenome）。

   (4) 病毒的前基因組、蛋白引物及 DNA 多聚酶共同進入已經組裝好的病毒內衣殼之中。

   (5) 在病毒 DNA 多聚酶的逆轉錄酶活性作用下，自 DR 區開始，以前基因組 RNA 為範本，逆轉錄出全長的病毒 DNA 負鏈。在負鏈 DNA 合成過程中，前基因組被 RNA 酶降解而消失。

   (6) 病毒以新合成的負鏈 DNA 為範本，也自 DR 區開始複製互補的正鏈 DNA。

   (7) 複製中的正鏈 DNA（長短不等）與完整的負鏈 DNA 結合並包裝於內衣殼中，再包上外衣殼成為病毒體，從細胞質釋放至細胞之外。在複製的過程中，病毒的 DNA 可以整合於標靶細胞的染色體中，整合區大約有 50% 以上為負鏈的 5'-末端區。S 基因可以轉錄 2.1kbRNA 作為 mRNA 轉譯成 HBsAg，因此某些 HBV 感染者中雖然無病毒複製，但是會長期產生 HBsAg。

HBV 的 DNA 複製方式

HBV 的 DNA

↓

完整雙股環狀 DNA

↓

超螺旋環狀 DNA

↓

四種 RNA

↓

結合成 Dane

動物模型與細胞培養

動物模型 ➡ 1. 研究 HBV 的分子生物學、發病機制及致癌特性的主要工具
2. 黑猩猩，鴨，土撥鼠，地松鼠

細胞培養 ➡ 尚不能分離與培養 HBV

抵抗力

HBV	HBV 對外界環境的抵抗力較強，對低溫、乾燥、紫外線均有耐受性
70% B 醇並不能失活 HBV	在 -20℃下保存 20 年以上仍具有傳染性，在室溫下可以保持傳染性達到 6 個月之久
高壓蒸汽滅菌法	以 100℃加熱 10 分鐘和環氧 B 烷等皆可以失活 HBV
以 0.5% 過氧 B 酸、5％次氯酸鈉會破壞其傳染性	可以用於病毒污染物品的消毒
在對外界抵抗力的層面	1. HBV 的傳染性和 HBsAg 的抗原性並不一致，上述的消毒方式僅能使 HBV 失去傳染性，但是仍然可以保留 HBsAg 的抗原性 2. HBsAg 的存在與否不能作為 HBV 失活的檢測指標

5-8 B 型肝炎病毒：致病性與免疫性（一）

（一）傳染的來源

　　HBV 的主要傳染源是 B 型肝炎患者及無症狀 HBsAg 攜帶者。黑猩猩等非人靈長動物雖會感染 HBV，但是作為傳染來源的可能性並不大。B 型肝炎的潛伏期較長（30～160 天），不論在潛伏期、急性期或慢性活動初期，病人血清都有傳染性。HBsAg 攜帶者因為無症狀，不易被察覺，其作為傳染來源的危害性比患者更甚。

（二）傳播的途徑

1. 血液、血製品等傳播：HBV 在血流中大量存在，而人又對其極易感，故只需要極少量污染的血液進入人體即會導致感染。輸血、注射、外科或牙科手術、針刺、共用剃刀或牙刷、皮膚黏膜的微小損傷等均會傳播。依據調查，大約 50% 的 B 型肝炎病例是明顯經輸血傳播。唾液中曾被檢出過 HBV DNA，據認為來自血液，透過牙齦漿液而進入口腔，其含量僅為血清的百分之一至萬分之一。醫院內污染的儀器（例如牙科、婦產科儀器）亦會導致醫院內傳播。
2. 垂直傳播：主要是圍產期感染，即分娩在經由產道時，透過嬰兒的微小傷口受到母體的病毒感染。哺乳也是傳播 HBV 的途徑。有些嬰兒在母體子宮內已被感染，表現為出生時已經呈現 HBsAg 陽性反應。
3. 性接觸傳播：病毒可以透過唾液、月經、陰道分泌物、精液等排出體外，在家庭中 HBsAg 陽性反應者的配偶比其他成員更易於感染 HBV，是 HBV 重要的傳播途徑之一。

（三）致病性與免疫性

　　病毒在體內的增殖，除了對肝細胞有直接損害功能之外，主要透過身體的免疫回應來引起肝細胞的病理改變。B 型肝炎臨床表現相當多樣化，可以由無症狀攜帶病毒至急性肝炎、慢性肝炎、重症肝炎等。病毒不僅存在於肝內，也存在於脾臟和血細胞等。HBV 的致病機制較複雜，至今尚未完全清楚。

1. 病毒感染導致身體免疫回應能力下降：HBV 感染之後，使宿主細胞產生干擾素能力下降，同時標靶細胞的 HLA I 類抗原表達減少。因 CTL 破壞受染細胞時需有 HLA I 類抗原的參與，若標靶細胞 HLA I 抗原表達下降，則 CTL 功能將減弱。此外，感染 HBV 後身體 IL-2 產生減少，這與 HBV 可在淋巴細胞中存在有關。宿主在幼齡時感染 HBV 之後，因為免疫系統尚未發育成熟，可對 HBV 形成免疫耐受，從而不出現或僅出現低度的抗病毒體液與細胞免疫，病毒可以長期存在於體內。
2. 免疫逃逸：HBV 的 PreC 基因會發生變異，從而不能正確地轉譯出 HBeAg，使得病毒逃逸身體對 HBeAg 的特異性體液與細胞免疫，易於轉為慢性。近年來還發現 HBV PreC 區及 C 區的變異株會引起重症肝炎。S 基因的 "a" 抗原決定簇基因發生變異，會使其抗原性改變，抗 -HBs 並不能與之結合或親和力降低，從而導致 HBV 逃避身體體液免疫的中和功能。並且，用現有的診斷方法有可能檢測不到 HBsAg，而出現陰性反應的結果。

自身免疫回應所引起的病理損害

病毒變異與免疫逃逸

B 肝病毒的致病機制

病毒導致身體免疫回應的低落	1. ¡MHCI 分子表達導致 CTL 的功能低落；感染淋巴細胞，IL-2 的產生 2. 幼齡感染，會誘導免疫耐受 -HBV 攜帶者
病毒變異 PREC	逃逸免疫 - 重症肝炎
細胞介導的免疫損傷	1. 以細胞介導的免疫損傷為主 2. 標靶細胞表達病毒抗原（B 肝表面抗原，核心抗原及 e 抗原）- CTL 殺傷標靶細胞 3. 療程的轉化與身體免疫回應的強弱有關
免疫合成物性的免疫損傷	1. 肝外損傷（腎臟，關節） 2. 阻塞肝微血管，誘導腫瘤壞死因子，急性肝壞死，重症肝炎
自身免疫反應的免疫損傷	肝特異性脂蛋白抗原（LSP）

臨床表現：多樣化

急性肝炎	受到感染的細胞不多，免疫回應正常
重症肝炎	受到感染的細胞較多，免疫回應過強
慢性肝炎	身體的免疫力低落，肝硬化
無症狀病毒攜帶者	免疫耐受

＋ 知識補充站

HBV 與原發性肝癌（有關）

1. 流行病學層面。
2. 動物模型。
3. 病毒整合：X 蛋白，啟動癌基因。

5-9　B 型肝炎病毒：致病性與免疫性（二）

3. 免疫病理損傷

(1) II 型過敏反應：HBV 感染肝細胞之後，肝細胞膜表面可出現 HBV 特異性抗原 HBsAg、HBcAg 和 HBeAg，會誘導身體產生相應的抗體。這些抗體與肝細胞膜上相應的抗原發生特異性的結合形成免疫合成物，進而啓動補體、巨噬細胞和 NK 細胞，最終使肝細胞破壞溶解。

(2) III 型過敏反應：在部分 B 型肝炎患者的血循環中，常會檢查出 HBsAg 與抗 -HBs 的免疫合成物。免疫合成物會沉積於腎小球基底膜、關節滑液囊等處，啓動補體，導致 III 型過敏反應，故 B 型肝炎患者會伴隨腎小球腎炎、關節炎等肝外系統損害。免疫合成物也可大量沉積於肝內，會使肝微血管栓塞，並會誘導產生 TNF 導致急性肝壞死，臨床表現爲重症肝炎。

(3) IV 型過敏反應：HBV 在肝細胞內增殖會使細胞膜表面存在病毒特異性抗原（HBsAg、HBeAg 和 HBcAg），病毒抗原致敏的 CTL 對胞膜表面帶有病毒抗原的標靶細胞可發揮殺傷效應以清除病毒。在 CTL 清除病毒的同時，造成肝細胞的損傷，導致炎症反應。細胞免疫回應的強弱與臨床過程的輕重及轉化有密切的關係：當病毒感染波及的肝細胞數量不多、免疫回應處於正常範圍時，特異的 CTL 會摧毀病毒感染的細胞，釋放至細胞外的 HBV 則可被抗體中和而清除，臨床表現爲急性肝炎，並會較快地恢復痊癒。相反地，若受感染的肝細胞爲數衆多，身體對 HBV 的細胞免疫回應過強，則會引起大量肝細胞的迅速壞死，導致肝功能衰竭，可以表現爲重症肝炎。當身體對 HBV 免疫回應低落時，病毒在感染細胞內複製，受到 CTL 的部分殺傷功能，病毒仍然可以不斷地釋放，又無有效的抗體中和病毒時，病毒則會持續存在並再感染其他的肝細胞，而造成慢性肝炎。慢性肝炎造成的肝病變又會促進成纖維細胞增生，而引起肝硬化。

(4) 自身免疫反應：HBV 在感染肝細胞之後，細胞膜上除了有病毒特異性抗原之外，還會引起肝細胞表面自身抗原發生改變，暴露出肝特異性脂蛋白抗原（liver specific protein, LSP）。LSP 可作爲自身抗原誘導身體產生針對肝細胞組分的自身免疫反應，透過 CTL 的殺傷功能或釋放淋巴因數的直接或間接功能，損害肝細胞。另外，抗 -LSP 與細胞膜上的 LSP 結合，會啓動補體而導致肝細胞的損傷。自身免疫反應所引起的慢性肝炎患者血清中，常會測及 LSP 抗體或抗核抗體、抗平滑肌抗體等自身抗體。

HBV 與原發性肝癌

大量相關研究的資料證實	HBV 感染與原發性肝細胞癌（hepatocellular carcinoma, HCC）有密切的關係
相關的動物實驗證實	在初生時即感染土撥鼠肝炎病毒（WHV）的土撥鼠，經過 3 年的飼養之後 100％會發生肝癌，而未感染 WHV 的土撥鼠並無一個發生肝癌
流行病學調查結果證實	HBsAg 攜帶者比無 HBV 的感染者，發生肝癌的危險性高 217 倍
肝癌組織檢測	發現有 HBV DNA 的整合，整合的 HBV 基因片段有 50％左右為負鏈 DNA 5' 末端片段，即 X 基因片段
因為 X 蛋白（HBxAg）可以反式啟動細胞內癌基因	故 HBV 可能是致癌的啟動因子，經過一系列流程之後會導致肝癌的發生

HBV 與原發性肝癌

近年來，關於 B 型肝炎病毒感染與原發性肝癌的發生之間的關係，日益受到重視。國內、外資料均顯示肝炎患者的肝癌發病率比自然人群高。肝癌病人有 HBV 感染指示者也比自然人群高

Maupas 等就 HBV 與原發性肝癌的密切關係作了以下論證：

1. B 型肝炎傳染形成高度地方性的區域與原發性肝癌流行率高的地區，在地理上有相關性。
2. 在地方性與非地方性區域，男性 HBsAg 慢性攜帶者中發生原發性肝癌的危險是相對恆定的。在此種人群中，原發性肝癌的年死亡率在 250-500/10 萬人。粗略估計全世界 HBsAg 慢性攜帶者約 1.75 億，原發性肝癌的年發生率為 35 萬例。這就指出與 HBV 相關的原發性肝癌是在全世界人口中較為流行的癌症之一。
3. HBV 感染會先於，並經常伴隨原發性肝癌的發生。
4. 原發性肝癌常發生於與 B 型肝炎病毒有關的慢性肝炎或肝硬化的肝。
5. 在原發性肝癌患者取出的組織中存在 HBV 的特異性 DNA 及抗原。
6. 有些原發性肝癌細胞系已能在培養中產生 HBsAg，並已證明 HBV 的 DNA 已能整合到這些細胞的基因組中。

含有 HBV 相似的生物化學、生物物理特性，它在其宿主可以誘發肝硬化及原發性肝癌。在中國大陸和美國的北京鴨（Anas domesticus）中已經分離出一種相似的病毒。但是對上述資料解釋仍有不同觀點：

1. HBV 會引起致癌或促癌的功能，必須配合其他如遺傳、內分泌、免疫與環境因素而導致肝癌；
2. 肝癌是與 HBV 無關的因素引起，但是這些癌細胞可能對 HBV 特別易感，以致於持續攜帶病毒。

5-10 B 型肝炎病毒：微生物學檢查法

1. HBV 抗原與抗體檢測：目前主要使用血清學方法來檢測 HBsAg、抗 -HBs、HBeAg、抗 -HBe 及抗 -HBc（俗稱「兩對半」），在必要時也可以監測 PreS1，抗 -PreS1 和 PreS2，抗 -PreS2 較少使用。HBcAg 僅存在於肝細胞之內，故不用於常規檢查。HBsAg 的檢測最為重要，可以發現無症狀攜帶者，是捐血人員篩選的必檢指標。常用的血清學檢測有 RIA、ELISA、對流免疫電泳、雙向瓊脂糖擴散等方法，其中以 RIA 和 ELISA 最為敏感。

2. HBV 抗原、抗體檢測結果的分析：HBV 抗原、抗體的血清學指標與臨床關係較為複雜，必須對幾項指標同時分析，方能有助於臨床判斷（如右表所示）。

   (1) HBs Ag：是身體感染 HBV 之後，首先出現的血清學指標，HBsAg 陽性反應見於急性肝炎，慢性肝炎後無症狀攜帶者，是 HBV 感染的指標之一。急性肝炎恢復之後，一般在 1 ～ 4 個月之內 HBsAg 會消失，若持續 6 個月以上則認為已向慢性肝炎轉化。無症狀 HBV 的攜帶者肝功能相當正常，但是會長期表現為 HBsAg 陽性反應。HBsAg 陰性反應並不能完全排除 HBV 感染，因為 S 基因突變或低水準的表達可使一般性的方法難以檢查出來。抗 -HBs 是 HBV 的特異性中和抗體，見於 B 型肝炎恢復期、以往的 HBV 感染者或接種 HBV 疫苗之後。抗 -HBs 的出現表示身體對 B 型肝炎有免疫力。

   (2) PreS1 Ag 和 PreS2 Ag：均與病毒的活動性複製有關，且含量的變化與血中 HBV DNA 的含量成正比，因此這些抗原的檢出可以作為病毒複製的指標。抗 -PreS1 及抗 -PreS2 常見於急性 B 型肝炎恢復的早期，其檢出顯示病毒正在或已經被清除，預後相當良好。

   (3) HBc Ag：為病毒的內衣殼成分，僅存在於肝細胞核內，不易於在血清中檢查出來，故不用於一般性檢查。HBcAg 誘導的抗 -HBc 產生較早，滴度較高，持續時間較長，幾乎所有的急性期病例均可以檢查出來。因此，抗 -HBc IgM 陽性反應表示病毒複製，患者的血液有很強的傳染性。

   (4) HBeAg：相關的研究發現 HBeAg 與 HBV DNA 聚合酶的消長基本一致，因此 HBeAg 陽性反應顯示 HBV 會在體內複製，有較強的傳染性。例如 HBeAg 轉為陰性反應，表示病毒停止複製，若持續陽性反應則顯示有發展成慢性肝炎的可能。抗 -HBe 陽性反應表示身體已經獲得相當程度的免疫力，HBV 複製能力減弱，傳染性降低。由於 Pre-C 基因的變異可以出現免疫逃逸的現象，因此抗 -HBe 陽性反應並不代表 HBV 會停止複製。

B 型肝炎病毒抗原、抗體檢測結果的臨床分析

HBsAg	HBeAg	抗 HBs Ab	抗 HBe Ab	抗 HBcIgM	抗 HBcIgG	結果的分析
+	—	-—	—	—	—	HBV 感染者或無症狀攜帶者
+	+	—	—	+	—	急性或慢性 B 型肝炎（俗稱為「大三陽」，傳染性較強）
+	-	—	+	—	+	急性感染趨向恢復（俗稱為「小三陽」）
+	+	—	—	+	+	急性或慢性 B 型肝炎，或無症狀攜帶者
—	—	+	+	—	+	B 型肝炎恢復期
—	—	—	—	—	+	以往感染或「空窗期」
—	—	+	—	—	—	以往感染或接種過疫苗

B 型肝炎病毒的微生物學檢查法 B 肝抗原、抗體檢測：標記技術

抗原抗體檢測（B 肝五項）	1. HBsAg：診斷的重要指標，潛伏期末期出現，急性期高峰，抗 HBs 出現 1-4 個月 HBsAg 會消失 2. 慢性肝炎 HBsAg 會持續數年。無症狀攜帶者會持續終生。HBsAg 證實病毒感染，不一定發病。抗 HBs：中和抗體，表示康復 3. PreS1 抗原和 PreS2 抗原：與病毒活動性複製有關，抗 -PreS1 和抗 -PreS2 見於恢復期早期，顯示病毒正在或已經被清除，預後良好 4. HBeAg：表示病毒大量複製，高度傳染性。抗 HBe：中和抗體，預後良好（preC 區突變株） 5. HBcAg：不易測出，陽性提示有傳染性。抗 HBc 陽性表示病毒複製，IgM：正在複製，有傳染性。IgG：過去複製
HBV DNA 檢測	核酸雜交法，PCR 技術檢測 HBV DNA 是病毒存在和複製最可靠的指標
HBV DNA 多聚酶檢測	比較少用，已被檢測 HBV DNA 所取代

+ 知識補充站

1. 血清 HBV DNA 檢測：使用核酸雜交技術，常規的 PCR 技術可以直接檢測 HBV DNA。而螢光定量 PCR 技術能檢測出 HBV DNA 的拷貝數量，可以作為藥物療效的考核指標之一。
2. 血清 DNA 多聚酶檢測：可以判斷體內是否有病毒正在做複製，但是近年來已被檢測 HBV DNA 所取代。

5-11 B 型肝炎病毒：防治的原則

1. 加強對捐血人員的篩選，以減低輸血後 B 型肝炎的發生率。
2. 病人的血液、分泌物和排泄物，用過的食具、藥杯、衣物以及注射器和針頭等，均必須煮沸消毒 15 ～ 30 分鐘，或使用 3％漂白粉澄清液、5％過氧 B 酸、1200ppm 的二氯異氰尿酸鈉、0.2% 新潔而滅等浸泡之後洗滌、消毒。
3. 提倡使用一次性注射器具。對高危險族群應採取下列的特異性預防措施。

（一）主動性免疫

1. 注射 B 肝疫苗是最有效的預防方法。
2. 第一代疫苗為 B 肝 HBsAg 血源疫苗，由血液中提供純 HBsAg 經由 A 醛失活而成，新生兒使用這種疫苗免疫 3 次（0、1、6 個月），可以獲得 90％以上的抗 -HBs 陽性反應率。
3. 由於來源及安全問題目前已經停止使用。
4. 目前國內普遍使用的是第二代基因工程疫苗：該類疫苗是將編碼 HBsAg 的基因在酵母菌、哺乳動物細胞或牛痘苗病毒中高效能地表達，所產生的 HBsAg 經過純化之後製成疫苗。
5. 基因工程疫苗的優點是可以大量製備，免疫效果與血源疫苗相同，且排除了血源疫苗中可能存在的未知病毒感染。
6. 而 HBsAg 多肽疫苗或 HBV DNA 核酸疫苗作為預防 B 型肝炎的第三代疫苗，目前還在研究之中，免疫原性尚需要改進。

（二）被動性免疫

1. 含高效價比的抗 -HBs 的人類血清免疫球蛋白（HBIG）可以用於被動免疫預防。在緊急的情況下，立刻注射 HBIG 0.08mg/kg，在 8 天之內均有預防效果，在兩個月之後需要再重複注射一次。
2. B 肝的治療至今尚無特效的方法，一般認為使用廣泛抗病毒藥物和調節身體免疫功能的藥物同時治療較好。賀普丁、病毒唑、Ara-A、干擾素及清熱解毒、活血化瘀的中草藥等，對部分的病例有相當程度的療效。

小博士解說 B型肝炎病毒的防治原則

　　目前，B 型肝炎治療上比較肯定的藥物為 α 干擾素。國內、外均有報導，經過連續大劑量注射 α 干擾素半年之後 HBsAg 轉為陰性的例子。但是最近發現，一些轉為陰性之後的病人在停用干擾素之後又轉為陽性反應。其他例如胸腺肽、轉移因子治療慢性肝炎雖然有報導，但是效果欠佳。近來，對 B 肝疫苗的研究及應用十分活躍。B 肝基因工程（酵母重組 HBsAg）疫苗已大規模投入應用並取得可喜的結果。多肽疫苗、融合蛋白疫苗和基因疫苗的研製方興未艾，相信經過多方努力，控制 B 肝的願望會成真。

B 型肝炎病毒的預防及免疫

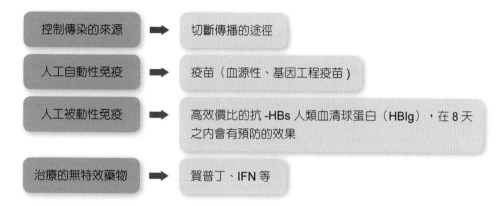

控制傳染的來源	切斷傳播的途徑
人工自動性免疫	疫苗（血源性、基因工程疫苗）
人工被動性免疫	高效價比的抗 -HBs 人類血清球蛋白（HBIg），在 8 天之內會有預防的效果
治療的無特效藥物	賀普丁、IFN 等

B 型肝炎病毒防治的原則

一般性預防：切斷傳染的來源	1. 嚴格地將病人消毒，攜帶者的血液及分泌物嚴格地篩選捐血人員 2. 重視醫源性傳播
特異性預防	1. 主動式：B 肝疫苗 2. 被動式：高效價抗 HBs 的人類免疫球蛋白
治療	抗病毒，保肝

檢測 B 肝抗原與抗體的實際用途

1. 篩選供血人員：透過檢測 HBsAg，篩選去除 HBsAg 陽性反應的供血者，可以使輸血之後 B 肝的發生率大幅度地降低
2. 可以作為 B 肝病人或攜帶者的特異性診斷
3. 對 B 肝病人預後和轉歸提供參考。一般認為急性 B 肝患者，例如 HBsAg 持續 2 個月以上者，大約 2/3 病例可以轉為慢性肝炎。HBeAg 陽性反應者病後發展成為慢性肝炎和肝硬化的可能性較大
4. 研究 B 肝的流行病學，瞭解各地人群對 B 肝的感染情況
5. 判斷人群對 B 肝的免疫水準，瞭解注射疫苗之後抗體陽轉與效價比升高的情況等

5-12 C 型肝炎病毒：生物學性狀

　　C 型肝炎病毒（hepatitis C virus , HCV）曾被稱爲腸道外傳播的非 A 非 B 型肝炎病毒，1978 年由 Harver J. Alter 等首先確認，1989 年 Quil-Lim Choo 等人使用現代分子生物學的技術，首先獲得其基因組序列，1991 年國際病毒命名委員會將其歸類於黃病毒科 C 型肝炎病毒屬。雖然 C 型肝炎疾病很早被發現，但因爲本病毒不能在體外培養，在血流中的含量又很少，故對 HCV 的認知主要是來自於黑猩猩實驗及分子生物學研究所得到的結果。

　　C 型肝炎病毒其生物學的性狀如下：

1. **形態與結構**：HCV 呈現球形，大小大約爲 50nm，單正鏈 RNA 病毒，有包膜。對氯仿、A 醛、B 醚等有機溶劑敏感。HCV 基因組爲一條單正鏈線狀 RNA，長度約 9.5kb，僅有一個長的開放讀碼框（ORF）。基因組由 9 個基因區組成：自 5' 端開始，依次爲 5' 端 NCR 區（非編碼區）、C 區（核心蛋白區）、E1 區（包膜蛋白 -1 區）、E2/NS1 區（包膜蛋白 -2/ 非結構蛋白 -1 區）、NS2 區（非結構蛋白 -2 區）、NS3 區（非結構蛋白 -3 區）、NS4 區（非結構蛋白 -4 區）、NS5 區（非結構蛋白 -5 區）和 3' 端 NCR 區（非編碼區）。其中，NS1 ～ NS5 區爲非結構編碼區，編碼非結構蛋白及酶類，例如 NS3 編碼病毒蛋白酶和解旋酶，NS5 編碼病毒 RNA 依賴的 RNA 多重聚酶，這兩種非結構蛋白在病毒複製的過程中發揮重要的功能。C 區和 E 區爲結構編碼區，C 區編碼的核心蛋白組成病毒的核衣殼，抗原性強，含有多個 CTL 識別位點，會誘導細胞免疫反應。E1 區和 E2 區編碼病毒的包膜糖蛋白 E1 和 E2。E1 區和 E2 區的基因容易發生變異，從而導致包膜糖蛋白的抗原性發生改變，使得病毒易於逃逸宿主的免疫監視，持續存在在體內，而引起慢性 C 型肝炎。C、NS3、SN4 及 NS5 區基因的表達產物，可以用於檢測患者血清中的抗 -HCV。

2. **分類**：根據 HCV 毒株基因序列的差異，可以將 HCV 分爲 6 個基因型，11 個子型。其中歐美各國流行株大多爲 I 型；亞洲地區以 II 型爲主，III 型爲輔；V、VI 型主要在東南亞（泰國等）。IV 型與 III 型接近，國內以 II 型爲主。目前認爲 II 型 HCV 複製產生的病毒量較多，較難於治療。

3. **培養**：黑猩猩是唯一對 HCV 敏感的實驗動物，病毒可以在其體內連續傳代，而細胞培養至今尚未成功。

HCV 的生物學性狀

形態結構	1. 40 ～ 60nm，呈現球形
	2. 單正鏈 RNA，有包膜
	3. SSRNA ＋
	4. 對脂溶劑相當敏感
	5. 包膜蛋白抗原性易變異，造成免疫逃逸，病毒持續存在，為感染易於慢性化的主要原因
	6. HCV 分為 6 個基因型（在國內以 HCV1、2 較為多見）
	7. 黑猩猩為唯一易於感染的動物，細胞培養並不十分成功
HCV 的分類及流行	1. HCV 根據基因序列的差異分為 I、II、III、IV、V、VI 6 個基因型
	2. 歐美：主要為 I 型
	3. 亞洲：以 II 型為主，以 III 為輔
	4. 東南亞：主要為 V、VI 型
	5. 國內：以 II 型為主

HCV 的培養特性與抵抗力

培養特性	1. 黑猩猩是研究 HCV 感染的可靠動物模型，其感染過程、急性期的表現、宿主的免疫應答及長期感染的後果，與人類 HCV 感染的臨床和免疫學特徵十分相似
	2. 用於 HCV 研究的其他動物還有狨猴、獼猴等，但是結果均不如黑猩猩滿意
	3. HCV 的細胞培養迄今也尚未成功
抵抗力	HCV 對各種理化因素的抵抗力較弱，對酸、熱不穩定，對氯仿、乙醚等有機溶劑敏感，紫外線照射、用 1:1000 甲醛溶液、沸水煮 5 分、20% 次氯酸等均會使其感染性喪失。60℃ 30 小時可以完全滅活血液或血製品中的 HCV

＋ 知識補充站

曾被稱為腸道外傳播的非 A 非 B 型肝炎（PT-NANB），在 1989 年將之命名為 HCV。

5-13 C 型肝炎病毒：致病性與免疫性

（一）致病性與免疫性

　　C 型肝炎的傳染源是患者和攜帶者，病毒主要透過輸血或使用血製品、注射、性交和母嬰傳播。HCV 引起的臨床過程輕重不一，會表現爲急性肝炎，慢性肝炎或無症狀攜帶者。HCV 的感染極易於慢性化，其慢性化率爲 50～85%。大約 20% 的慢性肝炎可能發展爲肝硬化。有研究證實，HCV 感染與肝癌的發生有密切關係。關於 HCV 的致病機制，目前一般認爲，既有病毒對肝細胞的直接損傷功能，又有免疫病理損傷和細胞凋亡導致的肝細胞損害。

　　HCV 感染後誘發身體產生的特異性免疫功能較弱，C 型肝炎患者在恢復之後，僅有低度免疫力。將 HCV 感染黑猩猩，待恢復之後，再使用同一種毒株來做攻擊，幾乎無保護的功能，其顯示免疫力並不強。身體在感染 HCV 之後，可以依次出現 IgM 和 IgG 型抗體。特異性淋巴細胞增殖實驗顯示，部分恢復期 HCV 感染者會出現陽性反應。在免疫力低落的族群之中，可能同時感染 HBV 及 HCV，此種雙重感染是否會導致疾病加重，目前尚無定論。

（二）微生物學檢查

1. 檢查病毒 RNA：因爲 HCV 在血液中含量很少，故需要使用極敏感的檢測方法。採用套式 RT-PCR 法或巢式 PCR 法，會擴增出極微量的病毒 RNA。
2. 檢查 HCV 抗體：以核心區蛋白（C22，C23）與 NS3、NS4 及 NS5 區蛋白爲抗原，使用酶聯免疫法檢測相應蛋白的抗體，可以快速篩選捐血人員並可用於診斷 C 肝患者及療效評估。抗 -HCV 陽性反應者表示已被 HCV 感染，不可以捐血。

（三）防治的原則

　　C 型肝炎預防措施主要是透過：嚴格篩選捐血人員及加強血製品的管理，達到降低輸血之後 C 型肝炎的發病率目標。國內已規定，抗 -HCV 檢測是篩選捐血人員的常規步驟，對血製品亦需要做檢測以防污染。故由於 HCV 免疫原性不強，且毒株易於變異，疫苗的研製有相當的難度。目前對 C 肝的治療缺乏特效的藥物，IFN α 是常用的抗病毒製劑。

HCV 的致病性與免疫性

流行病學 （傳染的來源及傳播的途徑）	1. 傳播途徑以血液傳播為主 2. 與 B 肝相類似，但是潛伏期短 5-10 週
致病性	1. 會引起輸血後慢性肝炎、肝硬化 2. 肝內淋巴細胞浸潤，肝細胞壞死
臨床表現	1. 潛伏期為 4-8 週 2. 無症狀 HCV 攜帶者和慢性 C 肝者較為多見 3. 會誘發肝外損傷：即腎小球腎炎 4. 大多見於輸血後的肝炎（80-90%） 5. 臨床的類型輕重不一，分為急性、慢性、攜帶者
免疫力並不牢固	疫苗製備困難
感染	極易慢性化（40-50%）、肝硬化（20%）、肝癌（歐美為 50-70%，國內為 10%）

HCV 微生物學檢查及防治

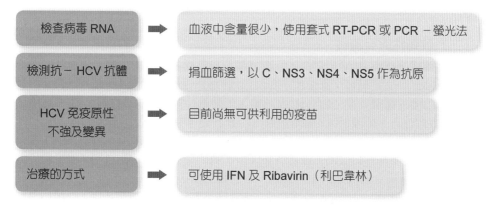

檢查病毒 RNA	➡	血液中含量很少，使用套式 RT-PCR 或 PCR－螢光法
檢測抗－HCV 抗體	➡	捐血篩選，以 C、NS3、NS4、NS5 作為抗原
HCV 免疫原性 不強及變異	➡	目前尚無可供利用的疫苗
治療的方式	➡	可使用 IFN 及 Ribavirin（利巴韋林）

✚ 知識補充站

C 型肝炎的特點

1. 國內 C 肝病毒攜帶者的比例在 2%-5%。
2. 隨著年齡的成長，C 肝病毒的攜帶率亦會增高。
3. 易感族群在感染 HCV 之後，慢性化的比例高達 50% 以上。
4. B 肝患者容易與 HCV 感染重疊。

5-14 **D 型肝炎病毒**

　　D 型肝炎病毒（hepatitis D virus, HDV）是 1977 年義大利學者 Rizzetto 在使用免疫螢光法檢測 B 型肝炎患者的肝組織切片時發現的，當時稱其爲 δ 抗原。自肝萃取的這種因子會引起實驗動物黑猩猩發生感染，證實其有感染性。並在以後的研究中進一步地發現這是一種缺陷病毒，必須在 HBV 或在其他的嗜肝 DNA 病毒輔助下才能夠複製，現在已經正式命名爲 D 型肝炎病毒。

（一）生物學的性狀

　　HDV 爲球形，直徑 35 ～ 37nm，核心爲一單負鏈環狀 RNA，長度爲 1.7kb，是已知動物病毒中最小的基因組。HDV RNA 可以編碼一種 HDV 抗原（HDAg），與 RNA 結合在一起。該抗原可刺激身體產生抗體，故可自感染者血清中檢出 HDV RNA 或抗 -HD。HDAg 的分子量大約 68kDa，經過 $100°C$，20 分鐘，抗原性並不會改變。有 24 kDa 和 27 kDa（p24 和 p27）兩種多肽型式，主要存在於肝細胞內，在血清中出現較早，但是僅維持 2 週左右，故不易於檢測到。HDV 最外層爲由 HBV 的 HBSAg 所組成的包膜。HBsAg 可以防止 HDV RNA 水解，在 HDV 致病中發揮重要的功能，但它並非 HDV 的基因產物，而是由同時感染宿主細胞的 HBV 所提供的。黑猩猩及土撥鼠可以作爲 HDV 臨床研究的動物模型。

（二）致病性與免疫性

　　HDV 傳播途徑與 HBV 相類似。急性 D 型肝炎有兩種感染的方式：一是合併感染（coinfection），即同時發生急性 B 肝和急性 D 肝；另一個是重疊感染（superinfection），即慢性 HBsAg 攜帶者發生急性 HDV 感染。依據流行病學的調查證實，HDV 感染呈現全球性的分布。依據相關的報導，國內的 B 肝患者中，HDV 的感染率爲 10％。在 HDV 感染早期，HDAg 主要存在於肝細胞核內，隨後出現 HDAg 抗原血症。HDAg 刺激身體產生特異性抗 -HD，最初爲 IgM 型，隨後是 IgG 型抗體。HDV 感染常可導致 B 肝病毒感染者的症狀加重與惡化，故在發生重症肝炎時，應注意有無 HBV 伴隨 HDV 的共同感染。HDV 的致病功能主要是病毒對肝細胞的直接損傷，肝臟損傷程度與 HDV RNA 呈現正相關性。由於 HDV 是缺陷病毒，如能抑制 B 肝病毒增殖，則 HDV 亦不能複製。

小博士 解說 防治的原則

　　HDV 與 HBV 有相同的傳播途徑，預防 B 肝的措施同樣適用於 D 肝。接種 HBV 疫苗可以預防 HDV 感染。凡是能抑制 HBV 增殖的藥物，亦能夠抑制 HDV 的複製。

D 型肝炎病毒的生物學性狀

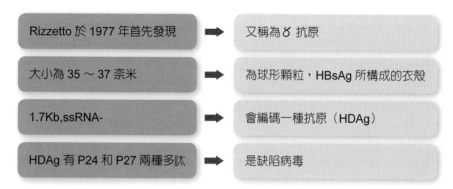

Rizzetto 於 1977 年首先發現 ➡	又稱為 δ 抗原
大小為 35 ～ 37 奈米 ➡	為球形顆粒，HBsAg 所構成的衣殼
1.7Kb,ssRNA- ➡	會編碼一種抗原（HDAg）
HDAg 有 P24 和 P27 兩種多肽 ➡	是缺陷病毒

致病性與免疫性

感染的方式 ➡	合併感染：HDV /HBV 同時發生
重疊感染 ➡	慢性 HBV 攜帶者會發生急性 HDV 感染

微生物學的檢查及預防

診斷	1. 檢測抗 -HDV：持續高滴度，是慢性 HDV 感染的主要血清學指標
	2. HDAg：先去除表面 HBsAg
	3. HDV-RNA
預防	1. 患者可不定期隔離，或隔離至肝功能正常，或 HBsAg 陰性反應轉換
	2. 接種 B 肝疫苗，也可以預防 HDV 感染

D 型肝炎病毒的特性

D 型肝炎病毒為缺損病毒	其輔助性病毒為 HBV
呈現球形	核心為 RNA 與 HDAg，其衣殼為 HBV 外衣殼（HBsAg）
傳播方式	與 HBV 相類似
與 HBV 共同感染或重疊感染	易發生重症肝炎，死亡率較高
若能抑制 HBV	則不能複製 HDV

✛ 知識補充站

微生物學檢查

　　HDV 在感染之後 2 週會產生抗 -HD IgM，在一個月會達到高峰，隨之會迅速地下降。抗 -HD IgG 的產生較晚，在恢復期會出現。D 肝抗體並不能清除病毒，若高效價持續下去，可以作為慢性 D 肝的指標。一般可以使用免疫螢光法、RIA 或 ELISA 檢測肝組織或血清中的 HDAg，但是患者標本應先經過垢劑處理，以除去表面的 HBsAg，暴露出 HDAg。也可以使用血清斑點雜交法或 PCR 檢測 HDV 基因組來加以診斷。

5-15 E 型肝炎病毒

E 型肝炎病毒（hepatitis E virus, HEV）是 E 型肝炎的病原體，曾經稱爲經由消化道傳播的非 A 非 B 型肝炎病毒。在 1989 年正式將之命名爲 E 型肝炎病毒，和墨西哥株。

（一）生物學的特性

HEV 病毒體呈現球狀，並無包膜，平均的直徑爲 32 ～ 34nm，表面有鋸齒狀刻缺和突起，形狀類似於杯狀，故將其歸類於杯狀病毒科（Caliciviridae）。在內視鏡下觀察，可以見到 HEV 有空心和實心兩種顆粒。實心顆粒內部緻密，爲完整的病毒結構；空心顆粒爲無核心的病毒顆粒。HEV 基因組爲單正鏈 RNA，全長大約爲 7.5kb，具有 polyA 的尾巴，共有 3 個表達載體（ORF），最長的第一個 ORF 大約爲 5kb，編碼病毒複製所需要的依賴 RNA 的 RNA 多聚酶等非結構蛋白。第二個 ORF 長大約爲 2kb，編碼病毒的核衣殼。第三個 ORF 只有 300 餘個核苷酸，與第一、二 ORF 有部分重疊。編碼與細胞支架及 HEV 抗原性有關的磷蛋白。

本病毒對高鹽、氯化鉋、氯仿等相當敏感；在 − 20 ～ 8℃ 之中易於裂解，但是在液氮中保存穩定。細胞培養未獲成功；多種非人靈長類動物會感染 HEV。

（二）致病性與免疫性

HEV 的傳染來源是潛伏期的末期和急性期初期的病人，主要經由糞 - 口途徑來傳播，有明顯的季節性因素，經常在雨季或洪水之後流行。潛伏期爲 10 ～ 60 天，平均爲 40 天。HEV 經由胃腸道進入血液，在肝細胞內複製，經由肝細胞釋放到血液和膽汁中，然後經由糞便排出體外，污染水源、食物和周圍環境而傳播。人在感染之後會表現爲臨床型和子臨床型（成人之中較多見到臨床型）。HEV 通過對肝細胞的直接損傷和免疫病理功能，引起肝細胞的發炎症或壞死。臨床上表現爲急性 E 型肝炎（包括急性黃疸型和無黃疸型）、重症肝炎以及膽汁淤滯性肝炎。多數患者於發病之後 6 週即會好轉並會痊癒，而不會發展爲慢性肝炎。孕婦感染 HEV 之後病情常會較重，尤以懷孕 6 ～ 9 個月最爲嚴重，經常會發生流產或死胎，病死率高達 10 ～ 20％。E 型肝炎病之後身體會產生相當程度的免疫力，但是持續時間並不長。

（三）微生物學檢查

對 HEV 的感染最好作病原學診斷，以便與 A 型肝炎相互區別。
1. 可以使用內視鏡或免疫內視鏡技術來檢測患者糞便中的 HEV 病毒顆粒。
2. 可以使用 RT-PCR 法來檢測糞便或膽汁中的 HEV RNA。
3. 檢查血清中的抗 -HEV IgM 或 IgG，若有抗 -HEV IgM 陽性反應，則可以確診患者受到 HEV 的感染；若血清中存在抗 -HEV IgG，則不能排除是以往的感染；因爲抗 -HEV IgG 在血中持續存在的時間高達數月至數年。

小博士解說 防治的原則

1. 防治的原則：防止水源被糞便污染，注意飲水，飲食安全，提高個人和環境的衛生水準，可以有效地切斷 E 型肝炎的傳播途徑，防止疾病的發生。目前尚無有效的疫苗。
2. 傳播的途徑，臨床表現及流行特點與 A 肝相類似，易於汙染水源（水性爆發），病毒會直接損傷及免疫病理共同損傷肝細胞，潛伏期為 2-9 週，大多見於成人。

E 型肝炎病毒：生物學的性狀（杯狀病毒科）

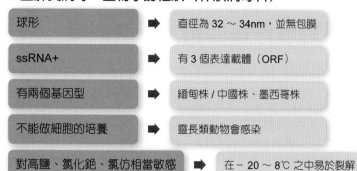

球形	➡	直徑為 32 ～ 34nm，並無包膜
ssRNA+	➡	有 3 個表達載體（ORF）
有兩個基因型	➡	緬甸株 / 中國株、墨西哥株
不能做細胞的培養	➡	靈長類動物會感染
對高鹽、氯化銫、氯仿相當敏感	➡	在 - 20 ～ 8℃ 之中易於裂解

致病性及免疫

傳染的來源	潛伏期末到急性期初病人糞便傳染性最強
途徑的傳播	經由糞－口途徑，膽汁經由糞便排出體外
潛伏期	10 ～ 60 天，平均為 40 天
致病性	1. 對肝細胞的直接損傷及免疫病理的功能 2. 大多表現為急性 E 型肝炎 3. 孕婦感染常導致流產（病死率為 10~20%）

微生物學檢查及預防

檢測 HEV	電子顯微鏡
檢測抗 -HEV IgM	診斷
HEV RNA	其預防的方式與 A 肝相類似

E 型肝炎的特點

與 A 型肝炎相比	1. 患者黃疸前期症狀較重，療程持續時間較長，病死率較高，特別是孕婦感染 HEV 之後。 2. 青壯年是 HEV 最喜歡攻擊的族群。
E 型肝炎分為兩種	「流行性」大多發生在雨季和洪水之後，「散發性」在秋冬季呈現高峰期。
傳染性強的時間	在患者將要出現症狀之前（潛伏末期）至發病初期，患者的隔離期為發病之後 3 週。預防與 A 肝相類似，未發現有 2 次發病者

五種肝炎病毒的簡要對照表

	HAV	HBV	HCV	HDV	HEV
基因組	RNA	DNA	RNA	RNA	
傳播的途徑	消化道，糞－口	血液與體液	血液與體液	血液與體液	消化道，糞－口
是否會慢性化	否	是	是	是	否
血清學檢測	抗 HAV-IgM 抗 HAV-IgG		抗 HCV	HDAg 抗 HDV-IgM 抗 HDV-IgG	抗 HEV-IgM
病毒科	小 RNA 病毒	嗜肝 DNA 病毒	黃病毒	缺陷病毒	杯狀病毒
顆粒大小	27nm	42nm	大約 50nm	36nm	32 ～ 34nm
核酸型	ssRNA（+）	dsDNA	ssRNA（+）	ssRNA（-）	ssRNA（+）
好發人群	兒童、青年	各個年齡層	各個年齡層	各個年齡層	成人
病毒的攜帶	－	+	+	+	－
病情	較輕	偶爾嚴重	次臨床，慢性較多見	需要 HBV 協助	孕婦較為嚴重
肝硬化或肝癌	－	+	+	+	
主動免疫	疫苗	疫苗			
被動免疫	C 類球蛋白	HBIG			

5-16 G 型肝炎病毒與輸血傳播肝炎病毒

HCV 和 HEV 在被鑒定之後，仍然有一部分肝炎患者的病原體不明，將之稱爲非 A-E 型（non-A-E）肝炎，此部分的肝炎需要完全排除其他的病因才能夠確定，其鑒定相當困難。1995 年，美國科學家採用代表性差異分析法（RDA），從接種病人血清的狷猴（tamarin）中獲得了 2 個肝炎相關整體序列：GBV-A 和 GBV-B，最後在族群中擴增出 GBV-C 的整體序列。相關的動物實驗證實，GBV-C 會引起人類非 A-E 型肝炎。幾乎與此同時，美國另一實驗室在病人中也發現了與非 A-E 型肝炎病毒相關的基因組整體序列，稱爲 HGV。GBV-C 和 HGV 的核苷酸和氨基酸同源性分別爲 85％和 95％，是同一種病毒的不同分離株。由於其命名並未正式地確認，現在一般將其統稱爲 G 型肝炎病毒（hepatitis G virus, HGV）。

1. **生物學特性**：到目前爲止，該病毒的形態仍未在內視鏡下觀察到。HGV 屬於黃病毒的家族成員，病毒基因組結構與 HCV 相類似，長度大約爲 9.5kb，爲單正鏈 RNA 病毒。整個基因組僅有一個 ORF，編碼一個長大約 2900 個氨基酸的多蛋白前體，該前體蛋白經病毒和宿主細胞蛋白酶水解之後，會形成不同的結構蛋白和非結構（功能）蛋白。在 ORF 的兩側分別爲 5'- 非編碼區（5'-NCR）和 3'- 非編碼區（3'-NCR）。基因組 5' 端的結構基因依次編碼核心蛋白（C）和包膜蛋白（E1、E2）。3' 端的非結構基因區編碼病毒的功能蛋白，其中 NS3 區編碼病毒解旋酶、鋅蛋白酶和絲氨酸蛋白酶，NS5b 編碼 RNA 依賴的 RNA 多重聚合酶（RDRP）。HGV 基因組變異性較大，核苷酸可發生替代突變及插入／缺失突變，根據其變異的情況，可以將 HGV 至少分爲 5 種基因型，其中 I 型在西非族群中較爲多見，III 型在亞洲族群中較爲多見。HGV 不同分離株的核心蛋白氨基酸長度不一，有些分離株並無核心蛋白。

2. **致病性和免疫性**：HGV 主要經由輸血等非腸道途徑來傳播，呈現全球性的分布，高危險族群與 C 型肝炎病毒相類似，亦存在母 - 嬰傳播及靜脈注射吸毒和醫源性傳播等。HGV 大多爲持續性感染，由於傳播途徑相類似，常與 HBV 或 HCV 等重疊感染，但是並不會加重 B 型和 C 型肝炎的臨床症狀。單獨感染時，症狀並不明顯，肝臟損害程度較輕。對 HGV 的致病性還需要做進一步的研究。HGV 在感染身體之後，會刺激身體產生抗包膜 E2 蛋白的抗體，該抗體具有相當程度的保護功能。

G 型肝炎病毒的微生物學檢查法與防治的原則

微生物學檢查法	1. 目前，HGV 感染的診斷以 RT-PCR 為主，採用 5'-NCR、NS3 區和 E2 區的套式引物擴增待測標本中的 HGV 基因片段，引物的敏感性依次為 5-NCR>NS3>E2 2. 由於 E2 抗體的出現與 HGV RNA 的消失相關，可將 E2 抗體作為 HGV 感染恢復的指標 3. 近年來已在真核表達系統中（CHO 細胞）表達了 E2 多肽抗原，並建立了 ELISA 方法檢測 E2 抗體
防治的原則	加強捐血人員的篩檢，降低輸血之後 G 型肝炎的發生率

輸血傳播肝炎病毒（TTV）

生物學特性	1. TTV 病毒體呈現球形，直徑為 30 ～ 50nm，為無包膜，基因組為單負鏈環狀 DNA，基因組長大約為 3.8kb，含有兩個 ORF（ORF1 和 ORF2），分別編碼 770 個和 203 個氨基酸 2. ORF1 的 N 端為飽含精氨酸的高親水區，ORF2 編碼非結構蛋白
致病性	1. TTV 主要透過血液或血製品傳播，亦有經由糞口途徑，唾液飛沫，精液，乳汁等傳播的可能，其致病機制尚不十分清楚 2. TTV 可以在黑猩猩體內傳代，但是並不會引起血清生化或組織病理改變。目前，對 TTV 是否為嗜肝病毒、是否有致病性等，正在進一步地研究之中
微生物學檢查法	1. TTV 的實驗室診斷，主要採用 PCR 法檢測血中 TTV DNA 2. 可以對懷疑為 TTV 感染者的非 A-G 型肝炎患者肝組織採用原位雜交法以地高辛標記的 TTV DNA 作為探針來做檢測，陽性反應率為 27.5%

＋ 知識補充站

輸血傳播肝炎病毒

　　輸血傳播肝炎病毒（transfusion transmitted virus, TTV）是 1997 年首先從日本輸血病例之後，非 A-G 型肝炎病人血清中所獲得一種新的 DNA 病毒。分子流行病學的研究證實，該病毒與輸血之後的肝炎具有相關性，可能是一種新型的肝炎相關病毒，遂以病人的名字來命名為 TT 型肝炎病毒（TTV），同時又與經由血液傳播的病毒（transfusion transmitted virus, TTV）的稱謂巧合地相同。

NOTE

第 6 章
人類皰疹病毒

1. 掌握皰疹病毒的共同特點

2. 掌握常見導致人類感染的皰疹病毒種類

3. 掌握 HSV、VZV、EBV、CMV 的生物學性狀，致病性與免疫性

4. 瞭解單純皰疹病毒和水痘：帶狀皰疹病毒的潛伏感染特性；巨細胞病毒與先
   天性感染；EB 病毒與鼻咽癌的關係

5. 瞭解 HSV、VZV、EBV 的微生物學檢查方法，防治原則

6-1　皰疹病毒概論

　　皰疹病毒（herpes virus）生物分類歸屬於皰疹病毒科（Herpesviridae），該病毒科現有成員 100 多種，會分別感染人、非人靈長類及其他的哺乳動物、禽類、兩棲類動物與爬行動物、魚類等，有宿主特異性。引起人類疾病的皰疹病毒稱爲人類皰疹病毒（Human herpes virus, HHV），目前確認的有 8 個成員，依據其生物學特性的不同，分爲三個子科，分別稱之 α、β 和 γ 皰疹病毒。各種人類皰疹病毒感染所致的主要疾病如右表所示。

（一）皰疹病毒生物學的性狀

1. 形態與結構：病毒體呈現球形、基因組爲線性雙股 DNA，呈現 20 面體立體對稱衣殼。核衣殼周圍有一層厚薄不等的非對稱性披膜。最外層是病毒包膜，有糖蛋白刺突。
2. 病毒增殖：除了 EB 病毒、HHV-6 和 HHV-7 之外均能夠在二倍體細胞核內複製，產生明顯的細胞病變效應（CPE），受到感染的細胞核內出現嗜酸性包涵體。病毒可以透過細胞間橋的直接擴散。感染細胞會與鄰近未感染的細胞融合成多核巨細胞。EB 病毒和 HHV-6 的培養則需要人或靈長類淋巴細胞。
3. 感染的類型：病毒感染宿主細胞可以表現爲：
   (1) 顯性感染：病毒大量增殖，並使細胞破壞，出現臨床的症狀。
   (2) 潛伏性感染：皰疹病毒在感染宿主細胞時均會在宿主體內特定的細胞潛伏，此時病毒並不增殖，與宿主細胞處於暫時平衡狀態，在一定的條件下，潛伏病毒會被啓動，表現爲顯性感染。
   (3) 整合感染：病毒基因組的一部分會整合於宿主細胞的 DNA 中，導致細胞轉化。某些皰疹病毒的致癌機制與此密切相關。
   (4) 先天感染：某些皰疹病毒會透過胎盤感染胎兒，造成新生兒先天性畸形的發生。

（二）皰疹病毒的共同特點

1. 病毒顆粒呈球形，核衣殼爲 20 面體對稱，雙鏈線形 DNA，有包膜，直徑 150～200nm。
2. 編碼多種蛋白與酶，參與病毒增殖，也是抗病毒藥物的標靶點。
3. 在核內複製和裝配，通過核膜出芽。會引起細胞融合，形成多核巨細胞。
4. 多種感染類型：溶細胞性感染，潛伏感染，細胞永生化。
5. 依靠細胞免疫來控制 HHV 感染。

小博士解說

　　基本概念：皰疹病毒是一群中等大小、有包膜的 DNA 病毒。有 100 種以上。根據生物學特性分：α 皰疹病毒、β 皰疹病毒、γ 皰疹病毒 3 個子科。

各種人類皰疹病毒所導致的主要疾病

皰疹病毒 子科	病毒的 常用名稱	病毒的 正式命名	潛伏期的部位	所導致的主要疾病
α 皰疹病毒	單純皰疹病毒 Ⅰ型	人類皰疹病毒 1 型	三叉神經節	齒齦口炎，咽炎唇皰疹，角膜結膜炎，皰疹性腦炎，皰疹性甲溝炎
	單純皰疹病毒 Ⅱ型	人類皰疹病毒 2 型	骶神經節	生殖器皰疹，新生兒皰疹，子宮頸癌
	水痘 - 帶狀皰疹病毒	人類皰疹病毒 3 型	腦頸或腰神經節	水痘（兒童）；帶狀皰疹（成人）
β 皰疹病毒	巨細胞病毒	人類皰疹病毒 5 型	嗜中性白血球淋巴細胞	巨細胞包涵體病，先天性感染，肝炎，輸血後單核細胞增多症，間質性肺炎
	人類皰疹病毒 6 型	人類皰疹病毒 6 型	巨噬細胞，淋巴細胞	薔薇疹，幼兒急疹
	人類皰疹病毒 7 型	人類皰疹病毒 7 型	巨噬細胞，淋巴細胞，分泌腺體	幼兒急疹，玫瑰疹
γ 皰疹病毒	EB 病毒	人類皰疹病毒 4 型	淋巴細胞	傳染性單核細胞增多症，Burkit 淋巴瘤，鼻咽癌
	人類皰疹病毒 8 型	人類皰疹病毒 8 型	淋巴細胞	Kaposi 肉瘤

人類皰疹病毒的種類

病毒	子科	潛伏細胞
單純皰疹病毒Ⅰ型（HSV-1）	α	神經元細胞
單純皰疹病毒Ⅱ型（HSV-2）	α	神經元細胞
水痘－帶狀皰疹病毒（VZV）	α	神經元細胞
EB 病毒（EBV）	γ	B 淋巴細胞
巨細胞病毒（CMV）	β	單核吞噬細胞，淋巴細胞
人類皰疹病毒 6，7 型	β	淋巴組織
人類皰疹病毒 8 型	γ	

6-2 單純皰疹病毒（一）

（一）生物學的性狀

單純皰疹病毒（Herpes simplex virus, HSV）具有典型的皰疹病毒形態結構特點。病毒體呈現爲球形、直徑爲 120 ～ 150nm。核心爲 160kb 的雙股 DNA，病毒的基因組有 34 個基因，編碼 170 多種蛋白。病毒衣殼呈現 20 面體對稱，外邊覆蓋一層厚薄不均勻的被膜，最外層爲典型的脂質雙層包膜，上面有多種病毒特異性的糖蛋白刺突，例如 gB、gC、gD、gE、gG、gH、gL、gM 等。其中，gH 與 gL 形成複合物與病毒入侵有關；gB 和 gD 與病毒吸附有關，並具有誘生中和抗體（gD 最強）和細胞毒作用；gG 具有型特異性，誘導產生的抗體會將 HSV 分爲 HSV-1 和 HSV-2 兩個血清型。

HSV 對動物和組織細胞具有廣泛的敏感性，常用的實驗動物有小老鼠、豚鼠、家兔等，多種原代人胚細胞、二倍體細胞以及動物細胞均會用於 HSV 的分離培養。HSV 感染細胞後很快導致受染細胞病變，表現爲細胞腫大、變圓、折光性增強，會見到核內嗜酸性包涵體。HSV 的增殖週期短，大約需要 8 ～ 16 小時，其抵抗力較弱，易於被脂溶劑所失活。

（二）致病性與免疫性

HSV 在族群中的感染較爲普遍，呈現全球性的分布。人是 HSV 唯一的自然宿主，主要透過直接密切接觸和性接觸傳播。傳染的來源爲患者及健康攜帶者。病毒會經由口腔、呼吸道、生殖道黏膜和破損皮膚等多種途徑侵入身體，孕婦生殖道皰疹會在分娩時傳染新生兒。人在初次感染恢復之後，常會轉爲潛伏感染。兩種不同血清型 HSV 的感染部位及臨床表現各不相同，HSV-1 主要引起咽炎、唇皰疹、角膜結膜炎，而 HSV-2 則會導致生殖器皰疹。

1. 感染的類型：HSV 感染會表現爲原發感染，潛伏感染及先天性感染

    (1) 原發性感染：6 個月～ 2 歲的嬰幼兒易發生原發性感染。此時來自母體的抗體大多已經消失，易於發生 HSV-1 的原發感染。臨床表現爲口齦炎，在口腔、齒、齦、咽、面頰部等處的黏膜皮膚會出現皰疹，皰疹破裂之後所形成的潰瘍。在原發皰疹過後，病毒會在感染者三叉神經節中終身潛伏，並隨時會被啓動而引起復發性唇皰疹。此外，HSV-1 還會引起皰疹性角膜結膜炎，皰疹性腦膜炎。HSV-2 主要引起生殖器皰疹，透過性接觸傳播。新生兒接觸母親生殖器皰疹或途經有 HSV-2 感染的產道時，會被病毒感染，而引發嚴重的新生兒皰疹。患兒病死率高達 60%。

生物學的性狀

有兩種血清型	➡	HSV-1 和 HSV-2，有 50％的同源性
編碼所產生的蛋白	➡	與黏附，融合，免疫逃逸，分類有關
細胞的培養	➡	出現腫脹，變圓，產生嗜酸性包涵體
在神經節之中	➡	常會形成潛伏性的感染

致病性與免疫性

傳染的來源	病人、攜帶者（病毒存在於皰疹病灶及唾液之中）
傳播的途徑	直接接觸、性接觸、飛沫傳播
原發性感染（HSV-1）	1. 齦口炎、唇皰疹、角結膜炎（6 個月至 2 歲） 2. HSV-2：成人外生殖器皰疹（80％，由 HSV-2 所引起）
潛伏性感染（神經節中神經細胞為其潛伏的場所）	1. HSV-1：三叉神經節，頸上神經節； 2. HSV-2：骶神經節；HSV-1 與 HSV-2 所支配皮膚的黏膜皰疹（再發）
先天性感染及新生兒感染	垂直感染：畸形、智力低落、流產等；新生兒皰疹（產道）：頭皮等處，並會波及內臟（肺、肝、腦），死亡率為 60％

＋ 知識補充站

免疫性

1. 以細胞免疫為主。
2. 干擾素和 NK 細胞會限制原發性感染。
3. T 細胞會破壞標靶細胞。

6-3 單純皰疹病毒（二）

(2) 潛伏感染與復發感染：在原發性感染之後，隨著身體特異性免疫的建立，大部分的病毒會被清除，但是有少數的病毒以潛伏狀態存在於神經細胞之內，與身體處於相對平衡狀態。HSV-1 常潛伏於三叉神經節、頸上神經節和迷走神經節；HSV-2 則潛伏於骶神經節。HSV 對神經組織的潛伏感染並不導致細胞損傷，其基因組大都處於非複製狀態，僅有少部分與病毒早期或晚期多肽無關的基因表達。當人體受到各種非特異性刺激，例如日曬、月經、發燒、寒冷、情緒緊張以及某些細菌或病毒感染時，病毒會被啓動，並沿神經纖維軸索至末梢，從而進入神經支配的皮膚和黏膜重新增殖，再度引起病理改變，導致局部皰疹的復發。

(3) 先天性感染：HSV 會透過胎盤感染胎兒，影響胚胎細胞有絲分裂，從而引起胎兒畸形，流產，智力低落等。分娩時，胎兒透過有皰疹病損的產道，會發生新生兒皰疹。

(4) HSV-2 與子宮頸癌：HSV-2 會引起生殖器皰疹。近年來的研究證實，患過生殖器皰疹的婦女，子宮頸癌的發病率高。子宮頸癌患者中 HSV-2 的抗體陽性率明顯高於正常對照族群，並發現 HSV-2 DNA 會使許多細胞發生轉化。會見到 HSV-2 感染與子宮頸癌的發生有密切的關係。但目前尚無足夠的證據證實兩者有因果的關係。

2. 免疫性：在感染皰疹病毒之後，患者會獲得特異性體液免疫和細胞免疫，中和抗體能失活細胞外的病毒，阻止病毒經血液播散；細胞免疫會破壞受感染的宿主細胞，清除細胞內的病毒，但對隱藏於神經節細胞內的病毒，宿主的免疫系統則不能發揮功能。

（三）微生物學的檢查

1. 病毒分離培養：病毒分離培養是確診 HSV 感染的標準。採取水皰液、唾液、腦脊液、眼角膜刮取物、陰道棉試子等標本接種人胚腎、人羊膜或兔腎等易感細胞，培養 24～96 小時，即會出現明顯的細胞病變效應（CPE）。然後進一步採用型特異性單複製抗體做中和實驗，免疫螢光檢測等，以鑑別病毒的類別。

2. 快速診斷：會採用免疫螢光或免疫組化染色法檢測病毒抗原。使用原位核酸雜交和 PCR 法檢測 HSV DNA。HSV 抗體測定對臨床診斷的價值不大，但是會用於流行病學調查，常使用 ELISA 方法來加以檢測。

微生物學檢查

快速診斷 ➡ 取病損組織基底部材料來測量抗原

核酸的測定

病毒的分離 ➡ 細胞的培養：細胞病變效應 CPE）

防治的原則

預防 ➡ 避免與患者接觸，孕婦有 HSV-II 感染應剖腹產，HSV 有致癌潛能，減毒活疫苗和死疫苗不宜用於人體，包膜蛋白 gD 子單位疫苗、多肽疫苗

治療的方式 ➡ 國內使用 HSVgC、gD 單抗治療皰疹性角膜炎，無環鳥苷（ACV）對皰疹病毒的選擇性很強

＋ 知識補充站

防治的原則

　　對單純皰疹病毒感染的控制目前尚無特異性的方法。避免與患者接觸會減少感染的機會。解剖子宮生產會有效地降低新生兒皰疹的發生率。因為 HSV 與子宮頸癌的發生關係密切，所以一般不主張使用活疫苗或含有皰疹病毒 DNA 的疫苗。目前 HSV 子單位（包膜糖蛋白）疫苗正在研究中。5- 碘去氧嘧啶核苷（皰疹淨）、阿糖胞苷等治療皰疹性角膜結膜炎效果較好，無環鳥苷（ACV）會選擇性地抑制 HSV-DNA 多聚酶，從而干擾病毒的複製。臨床已經使用於治療口唇皰疹，皰疹性腦炎，生殖器皰疹等。但是並不能防止潛伏的感染再發。

6-4 EB 病毒

　　EB 病毒（Epstein-Barr virus, EBV）是 1964 年 Epstein 和 Barr 從非洲兒童惡性淋巴瘤組織中培養細胞發現的一種新病毒，故用兩人名字的字首來命名。現在歸屬於皰疹病毒 γ 子科。是傳染性單核細胞增多症的病原體，並且和 Burkitt 淋巴瘤及鼻咽癌等惡性腫瘤的發生有關，是一種重要的人類腫瘤病毒。EB 病毒爲一種嗜 B 淋巴細胞的皰疹病毒，其結構與其他的皰疹病毒相類似，不能用一般性的方法來培養。

（一）生物學的性狀

　　EBV 具有與其他皰疹病毒相類似的形態結構。核心爲 172kb 的線型雙鏈 DNA，20 面體對稱衣殼，包膜表面有糖蛋白刺突，在衣殼與包膜之間由基質蛋白相連。EBV 具有較強的細胞嗜性，對一般性的皰疹病毒培養方法並不敏感。一般使用人臍血淋巴細胞或從外圍血液分離的 B 淋巴細胞培養 EBV。EBV 在 B 淋巴細胞中存在增殖性感染和潛伏性感染兩種狀態，不同感染類型病毒蛋白的表達有所差異。

1. 病毒潛伏感染時表達的抗原，包括 EBV 核抗原（EB nuclear antigen, EBNA）和潛伏感染膜蛋白（latent membrane protein, LMP），EBNA 存在於 B 細胞核內，爲 DNA 結合蛋白。LMP 表達於宿主細胞膜表面，是具有癌基因功能的膜蛋白。EBNA 和 LMP1 與細胞的轉化和永生化有關。

2. 病毒增殖性感染相關的抗原，包括 EBV 早期抗原（early antigen, EA）、EBV 衣殼抗原（virial capsid antigen, VCA）和 EBV 膜抗原（membrane antigen, MA）。EA 是病毒增殖早期誘導的非結構蛋白，是病毒增殖的指標；VCA 是病毒增殖後期合成的結構蛋白，與病毒 DNA 共同組成核衣殼，存在於胞質和核內；MA 是病毒的中和抗原，存在於病毒包膜表面和病毒感染的細胞表面，會誘導產生中和抗體。

（二）致病性與免疫性

　　EBV 在族群中感染非常普遍，其傳染來源是隱性感染者和病人。病毒主要透過唾液傳播，輸血及性接觸也會傳播此病毒。國內 3 ～ 5 歲兒童的 EBV 抗體陽性反應率高達 90% 以上。病毒在侵入身體之後，首先在口咽部上皮細胞中增殖，表現爲增殖性感染。釋放病毒，感染局部淋巴組織中的 B 細胞，B 細胞入血導致全身性的 EBV 感染。EBV 亦能以潛伏感染方式長期潛伏於少數被感染的 B 細胞內，在一定的條件下，潛伏的 EBV 基因會被啓動，轉化爲增殖性感染。EBV 在潛伏狀態時所表達的與轉化有關的蛋白，會誘導 B 淋巴細胞和上皮細胞轉化，永生化。

EB 病毒的致病性與免疫性

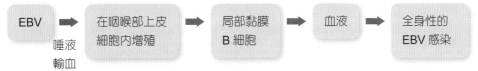

| EBV | ➡ | 在咽喉部上皮細胞內增殖 | ➡ | 局部黏膜 B 細胞 | ➡ | 血液 | ➡ | 全身性的 EBV 感染 |

唾液
輸血

與 EBV 感染有關的疾病

傳染性單核細胞增多症	為一種良性的全身淋巴細胞增生性疾病，預後良好
非洲兒童的惡性淋巴瘤	呈現地方性的流行，大多見於 6 歲左右的兒童，是一種分化程度較低的 B 淋巴細胞瘤
鼻咽癌	1. 大多發生於 40 歲以上的中老年人 2. 原發在感染 EBV 之後，會誘生病毒特異性抗體，例如 EBNA 抗體、EA 抗體、VCA 抗體及 MA 抗體。也會產生與病毒感染不相關的抗羊、馬和牛紅細胞等異嗜性抗體。其中，MA 抗體為中和抗體，能夠中和 EBV，防止外因性再度感染，但是不能完全清除潛伏在細胞內的 EBV。細胞免疫能夠清除轉化的 B 淋巴細胞

增殖性感染的相關抗原

EBV 早期抗原（EA）	為非結構蛋白，具有 DNA 多聚酶活性，是 EBV 活躍增殖的指標
EBV 衣殼抗原（VCA）	後期合成的結構蛋白，與病毒 DNA 組成 EBV 的核衣殼
EBV 膜抗原（MA）	EBV 的中和抗原（gp320），會誘導中和抗體的產生

＋ 知識補充站

1. 微生物學的檢查：EBV 分離培養較為困難，現在一般大多使用血清學的方法來做輔助性診斷。大多使用免疫酶染色法或免疫螢光法來檢測病毒特異性抗體，VCA-IgA 或 EA-IgA，若抗體效價比持續升高，對鼻咽癌有輔助性診斷的價值。檢測異嗜性抗體有助於對傳染性單複製細胞增多症的診斷，亦會使用原位雜交或 PCR 法來檢測標本中 EBV DNA。
2. 防治的原則：EBV 疫苗目前正在研製過程中，將對預防傳染性單核細胞增多症有正面的功能。應該盡量地避免與病人接觸，養成良好的衛生習慣。測定 EBV EA-IgA、VCA-IgA 抗體有利於鼻咽癌的早期診斷，及早治療。對 EBV 感染到目前為止尚無理想的抗病毒藥物。

6-5 水痘 - 帶狀皰疹病毒

　　水痘 - 帶狀皰疹病毒（Varicella-Zoster virus, VZV）是水痘或帶狀皰疹的病原體，在兒童初次感染時會引起水痘，在恢復之後病毒潛伏在體內，至成年或老年時會再發，則會引起帶狀皰疹。人是 VZV 的唯一自然宿主，皮膚是病毒的主要標靶細胞，可以由同一種病毒引起兩種不同的病症，兒童在初次感染時會引起水痘，潛伏體內的病毒受到某些刺激之後復發，會引起帶狀皰疹，大多見於成年人和老年人。

（一）生物學的特性

　　VZV 與 HSV 同屬於 α 皰疹病毒子科，具有典型的皰疹病毒科形態與結構。VZV 的生物學性狀類似於 HSV，編碼的蛋白多達 30 餘種，其中糖蛋白至少有 gB、gC、gE、gH、gI、gL 等 6 種與 HSV 糖蛋白的抗原性有交叉反應。該病毒只有一個血清型。人或猴的成纖維細胞是 VZV 的敏感細胞。病毒在人胚組織中增殖會形成典型的核內嗜酸性包涵體及多核巨細胞，產生的細胞病變較為局限性。

（二）致病性與免疫性

　　VZV 引起的水痘和帶狀皰疹好發於冬、春季節，潛伏期大約為 11 ～ 21 天。主要傳播途徑是呼吸道，也會透過與水痘、皰疹等皮膚損傷部位的接觸而傳播。

1. 水痘：是一種常見的兒童傳染病，屬於 VZV 的原發性感染。病毒經由呼吸道、口咽黏膜、結膜、皮膚等處侵入身體之後，在局部黏膜組織短暫複製，經由血液和淋巴液播散至肝、脾等組織，並隨著血流向全身擴散，尤其是皮膚、黏膜，導致水痘。臨床表現為全身皮膚出現丘疹、水痘及膿皰疹。皮疹分布主要是向心性，以軀幹較多，水痘在消退之後並不會留疤痕，病情一般較輕，但是偶而會有併發間質性肺炎和感染後腦炎。免疫功能缺陷、白血病、腎臟病及使用皮質激素、抗代謝藥物的水痘患兒，易發展成為嚴重的、涉及多重器官的致死性感染。成人水痘症狀較重，且常會伴發有彌散性結節性肺炎，病死率高達 10 ～ 40% 左右。

2. 帶狀皰疹：僅發生於曾患過水痘的成年人和老年人。兒童期在患過水痘之後，病毒會潛伏在脊髓後根神經節等部位，當身體受到某些刺激，例如藥物、發燒、受冷、機械壓迫、X 光照射時，會誘發潛伏的 VZV 的復活，活化的病毒經由感覺神經纖維軸索而到達所支配的皮膚內繁殖而引起帶狀皰疹。帶狀皰疹一般在軀幹呈現單側性，很少在面部或頸部。成串的皰疹水皰集中於單一感覺神經支配的皮區，並會融合形成大的水皰，皰液內含有大量感染性病毒顆粒。帶狀皰疹伴隨的疼痛十分嚴重，會長達數週以上。細胞與體液免疫均具有相當程度的抗感染功能。特異性的循環抗體能防止病毒的再感染，但是對潛伏在神經節內的病毒無效。細胞免疫在帶狀皰疹的發生、發展中發揮重要的功能，老年人、腫瘤患者、接受骨髓移植者等免疫功能低落者，潛伏的病毒易被啟動，發生帶狀皰疹。

潛伏感染

帶狀皰疹（曾患過水痘）

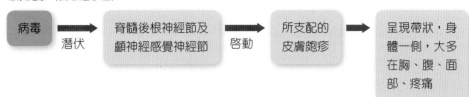

病毒 → 潛伏 → 脊髓後根神經節及顱神經感覺神經節 → 啓動 → 所支配的皮膚皰疹 → 呈現帶狀，身體一側，大多在胸、腹、面部、疼痛

水痘 - 帶狀皰疹病毒致病機制

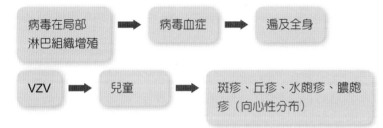

病毒在局部淋巴組織增殖 → 病毒血症 → 遍及全身

VZV → 兒童 → 斑疹、丘疹、水皰疹、膿皰疹（向心性分布）

致病性與免疫性

原發的感染	水痘（兒童多發）
傳染的來源	1. 水痘患者（上呼吸道分泌物、水皰液） 2. 帶狀皰疹患者（水皰液）
傳播的途徑	飛沫傳播、接觸傳播
致病的機制	病毒在局部淋巴組織增殖會導致病毒血液症，再遍及全身

微生物檢查及防治

水痘	帶狀皰疹的臨床症狀典型，一般並不需要做微生物學診斷
VZV 減毒活疫苗	預防水痘感染和傳播有良好的效果
治療	可以使用無環鳥苷、阿糖腺苷和高劑量干擾素

＋ 知識補充站

1. 生物學的性狀：基本的性狀與 HSV 相類似，只有一種血清型。對一般的實驗動物並不敏感，在人胚成纖維細胞中增殖，並緩慢地產生細胞病變。

2. 微生物學檢查：依據臨床症狀和皮疹特點即會對水痘和帶狀皰疹作出診斷，一般不需要做實驗室診斷。在必要時會從皰疹病損基部取材做細胞塗片染色，檢查細胞核內嗜酸性包涵體。亦會使用單複製螢光抗體染色來檢測皮損細胞內的病毒抗原，有助於快速診斷。

3. 防治的原則：對未感染過 VZV 的族群接種減毒活疫苗，會有效地預防水痘感染和流行。使用含特異性抗體的人免疫性蛋白來預防 VZV 有相當程度的效果。在臨床上使用無環尿苷，阿糖腺苷，泛昔洛韋及大劑量的干擾素，會限制水痘和帶狀皰疹的發展和緩解局部的症狀。

6-6 巨細胞病毒

巨細胞病毒（Cytomegalovirus, CMV）是巨細胞包涵體病的病原體，由於病毒感染的細胞腫大，並有巨大的核內包涵體而得名。

（一）生物學性狀

CMV 具有典型的皰疹病毒形態與結構，是人類皰疹病毒之中基因組的最大病毒，大約爲 240kb，具有嚴格的種屬特異性。人類巨細胞病毒（human cytomegalovirus, HCMV）只能感染人類，在人類成纖維細胞中增殖，生長緩慢。初次分離培養需要 30 ～ 40 天才會出現 CPE，其特點是細胞腫大變圓，核變大，核內出現周圍繞有一輪「暈」的大型嗜酸性包涵體。

（二）致病性與免疫性

HCMV 在族群中的感染非常普遍，初次感染大多在 2 歲以下，以隱性居多，少數人會有臨床的症狀。在初次感染 CMV 之後，病毒潛伏在唾液腺、乳腺、腎臟、白血球和其他腺體中，會長期或間隙地排出病毒。據報導，60 ～ 90% 的成人體內會檢測到 HCMV 抗體。在孕婦，HCMV 原發或復發感染均會引起胎兒子宮內感染或圍產期感染，導致胎兒畸形、智力低落或發育遲緩等，嚴重者會引起全身性感染綜合症，稱巨細胞包涵體病。而在愛滋病、器官移植、惡性腫瘤和免疫抑制病人中會引起嚴重的併發感染。病毒會透過垂直和水平的方式來傳播。

1. **垂直傳播**：孕婦感染人類巨細胞病毒後會直接感染胎兒、新生兒或嬰兒。主要經由胎盤，產道及母乳三種方式來傳播。經由胎盤感染胎兒屬於先天性垂直傳播，經由產道或母乳則歸諸於圍產期感染。

   (1) 先天性感染：HCMV 是先天性病毒感染中最常見的一種，初次感染或潛伏感染病毒的母體會透過胎盤將病毒傳給胎兒，患兒會發生黃疸、肝脾腫大、血小板減少性紫癜、溶血性貧血等症狀。少數出現小頭、智力低落、神經肌肉運動障礙、耳聾和脈絡視網膜炎等，嚴重者造成早產、流產、死產或生後死亡等症狀。CMV 再發感染的孕婦雖會導致先天感染，但是由於孕婦特異性抗體的被動性轉移，很少會引起先天異常。

   (2) 圍產期感染：妊娠後期，孕婦體內處於潛伏狀態的 HCMV 會被啓動，從泌尿道和子宮頸排出，分娩時，新生兒經過產道會被感染。HCMV 還會透過哺乳傳播給嬰兒。多數患兒症狀輕微或無臨床症狀，偶而有輕微呼吸障礙或肝功能損傷。

2. **水平傳播**：透過直接密切接觸、性接觸及輸血均會感染 HCMV。兒童和成人的 HCMV 感染多數是無症狀的。在成人大約 10% 會引起單核細胞增生狀症候群；接受組織或器官移植者、愛滋病患者及免疫功能缺陷患者，潛伏的病毒會復活並導致非常嚴重的感染。

感染類型及與腫瘤的關係

感染的類型 ➡ 先天性感染、圍產期感染、兒童及成人的感染、輸血的感染、免疫功能低落者感染

與腫瘤的關係 ➡ 1. 子宮頸癌、前列腺癌、結腸癌、Kaposi 肉瘤，檢查出 CMV 的 DNA 序列
2. CMV 轉化的細胞接種動物之後致癌

預防

國外 ➡ 有 CMV 減毒活疫苗 AD169 與 Towme125

國內 ➡ CMV 包膜糖蛋白的基因工程疫苗。

微生物學檢查

病毒 分離培養	1. 取患者的血液，唾液，尿液，子宮頸分泌物等標本接種人類成纖維細胞分離培養，在 2～4 週會觀察到細胞腫大等病變特徵 2. 也會取病變組織標本塗片，一般性 HE 染色，直接觀察 CPE 和核內嗜鹼性包涵體
病毒 核酸檢測	使用聚合酶連鎖反應（PCR）與核酸雜交等方法，會快速、敏感地檢測 HCMV 特異性的 DNA 片段
病毒 抗原檢測	1. 使用特異性抗體來做免疫螢光，直接檢測白血球、活體檢查組織、組織切片、支氣管肺泡洗液等臨床標本中的 CMV 抗原 2. 在外圍血液白血球中測出 CMV 抗原證實有病毒血症。該法敏感、快速、特異
病毒 抗體檢測	1. 為了確定急性或活動性 HCMV 感染，瞭解身體的免疫狀況及篩選捐血人員和器官移植供體，常需要做 HCMV 抗體檢測 2. 檢測特異性 IgG 類抗體，會瞭解族群的感染狀況，需要測量雙份血清以作臨床診斷，而檢測 IgM 抗體只需要檢測單份血清來確定 HCMV 活動性感染
細胞學檢查	多核巨細胞，包涵體
血清學	ELISA 檢查 IgM 抗體，子宮內感染

✚ 知識補充站

細胞轉化與使能（Enable）的致癌功能：HCMV 和其他皰疹病毒一樣，會使細胞轉化，顯示其具有潛在的致癌功能。近年來研究證實，在子宮頸癌、結腸癌、前列腺癌、Kaposi 肉瘤等腫瘤組織之中，HCMV DNA 的檢出率較高，HCMV 抗體滴度亦高於正常人。HCMV 感染後會誘導身體產生免疫回應，包括體液免疫和細胞免疫。細胞免疫在限制 HCMV 播散和潛伏病毒啟動之中發揮主要的功能。身體產生的中和抗體（IgM，IgG，IgA）雖會維持終身，但是保護的功能並不強。

6-7　其他的皰疹病毒

與人類感染相關的皰疹病毒還包括人類皰疹病毒 6 型、7 型和 8 型。

（一）人類皰疹病毒 6 型

人類皰疹病毒 6 型（human herpes virus-6, HHV-6），1986 年分離於淋巴增殖性疾病患者的外圍血淋巴細胞。早期的研究認為，HHV-6 只能夠在新鮮分離的 B 淋巴細胞中生長，並歸類於人類 B 淋巴細胞病毒（human B-lymphotropic virus, HBLV）。目前已經清楚，此類病毒更易於感染 CD4$^+$T 淋巴細胞。

1. 生物學的特性：HHV-6 具有典型的皰疹病毒的形態與結構特徵。根據其抗原性的不同，會將病毒分為 A 和 B 兩個子型，即 HHV-6A 和 HHV-6B。兩個子型之間存在著共同的抗原，同時也有各自的特異性抗原。兩類的 HHV-6 的遺傳性相近，但是其流行病學和臨床特性不同。

2. 致病性與免疫性：HHV-6A 的致病性尚不十分清楚，而 HHV-6B 是引起兒童皰疹和其他疾病的主要因素。HHV-6 會感染淋巴細胞，包括 T 淋巴細胞、單核細胞、B 淋巴細胞等。潛伏於 T 細胞中的 HHV-6，在有絲分裂原刺激下會活化並形成溶細胞性感染。靜息淋巴細胞和來自於免疫健全個人的淋巴細胞能夠抵抗 HHV-6 的感染。人類皰疹病毒 6 型在族群中的感染十分普遍，健康帶毒者是主要的傳染來源，經由唾液傳播，垂直傳播也時會發生。HHV-6 原發感染之後大多無症狀，少數會引起幼兒丘疹或嬰兒玫瑰疹。此外，HHV-6 感染會導致中樞神經系統症狀，包括癲癇、腦膜炎和大腦炎等。較近的研究證實，HHV-6 DNA 存在於許多腫瘤組織之中，顯示 HHV-6 與腫瘤的發生、發展會有相當程度的關係。HHV-6 很少引起成人原發感染。迄今為止，尚無有效的預防措施，亦未研發出具有應用價值的疫苗。

（二）人類皰疹病毒 7 型

人類皰疹病毒 7 型（Human Herpes virus 7, HHV-7），是 Frenkel 等人於 1990 年首先從健康成人活化的 CD4$^+$T 淋巴細胞中分離獲得的一種新型皰疹病毒。HHV-7 在內視鏡下形態與 HHV-6 相類似。相關的研究證實，HHV-7 與 HHV-6 存在某些共同抗原，會發生交叉反應。血清流行病學調查證實，HHV-7 是一種普遍存在的人類皰疹病毒，2 ～ 4 歲兒童的抗體陽性反應率達到 50%，75% 健康人唾液會檢出此病毒。HHV-7 主要潛伏在外圍血液單一核細胞和唾液腺中，人與人的密切接觸會傳播該病毒，唾液傳播是其主要途徑。從嬰兒急性、慢性疲勞症候群和腎移植患者的外圍血液單核細胞中均分離出 HHV-7。目前，HHV-7 原發感染與疾病關係尚不確定，有學者認為 HHV-7 感染與幼兒丘疹、玫瑰疹、神經損害和組織器官移植併發症有關，從發病年齡來看，HHV-7 感染晚於 HHV-6，但是其機制尚不清楚，有待於進一步的研究。目前尚無有效的預防和治療措施。

其他的皰疹病毒

人類皰疹病毒 6 型	➡	幼兒丘疹（6 個月至 2 歲，會發燒退疹出來）
人類皰疹病毒 7 型	➡	幼兒丘疹（其發病的年齡略晚）
人類皰疹病毒 8 型	➡	與 Kaposi 肉瘤（KS）有關，主要見於 AIDS 的患者

人類皰疹病毒 6 型

微生物學檢查法	1. 病毒分離，細胞腫大變圓呈「氣球樣」表明有病毒存在，螢光抗體染色有助於進一步鑒定病毒。也可用原位雜交和 PCR 技術檢測受感染細胞中的病毒 DNA，或用血清學方法測定病毒特異性 IgM 和 IgG 類抗體 2. 診斷 HHV-6 感染主要基於以下幾個方面：(1) 患兒發熱數天且熱退後出現丘疹。(2) 能通過細胞培養分離到病毒，但是需要時間較長，大約 10~30 天，也可能獲得陰性反應的結果。(3) 使用直接免疫螢光法檢測到特異性 IgM 或 IgG 類抗體。(4) 血液或唾液作 PCR，檢測到 HHV-6 的 DNA。(5) 腦脊液 PCR 測定 HHV-6 核酸陽性反應，可以診斷腦膜炎患者
防治的原則	1. 體外的研究證實，HHV-6 對 ganciclovir 和 foscarnet 敏感，而對無環鳥苷的敏感性低，但是均未獲得臨床應用資料 2. 迄今為止，尚無有效的預防措施，亦未研製出有應用價值的疫苗

✚ 知識補充站

人類皰疹病毒 8 型

　　人類皰疹病毒 8 型（Human herpes virus 8, HHV-8），在 1994 年從愛滋病患者卡波濟肉瘤組織中發現，故又稱為卡波濟肉瘤相關性皰疹病毒（Kaposi sarcoma-associated herpes virus, KSHV）。該病毒為雙鏈 DNA，基因組全長大約 165kb，主要存在於愛滋病卡波濟肉瘤組織和愛滋病患者淋巴瘤組織中。HHV-8 與卡波濟肉瘤的發生、血管淋巴細胞增生性疾病（MCD, PE）及一些增生性皮膚疾病的發病有關。

　　HHV-8 會透過性接觸傳播，在先進國家的同性戀男性，發展中國家同性戀男性、女性均有發現。由於病毒會在 B 淋巴細胞中複製，故會透過輸入污染的血液細胞傳播，而血漿則無傳播病毒的功能。

　　在感染 HHV-8 之後會運用測定血液中的 HHV-8 抗體，來測定末梢血液細胞中（主要是 B 細胞）的 HHV-8 序列、檢測卡波濟肉瘤組織中病毒及其基因等做臨床診斷。近年來，已有使用免疫螢光 ELISA、免疫印跡等方法來檢測血清抗原、抗體的報導。血清學方法的敏感性高於病毒序列定序。

第 7 章
蟲媒病毒

1. 瞭解黃病毒與甲病毒的共同特徵

2. 掌握 B 型腦炎病毒的生物學特徵，傳播的途徑，致病性與免疫性，防治原則

3. 瞭解登革熱病毒、森林腦炎病毒的傳播途徑，致病性與免疫性，防治原則

4. 瞭解微生物學的檢查方法

5. 瞭解蟲媒病毒的傳播途徑及致病的特點

7-1　蟲媒病毒：B 型腦炎病毒概論

　　蟲媒病毒是指一種透過吸血節肢動物叮咬易於感染的人、家畜及野生動物而傳播疾病的病毒，此類病毒的分布相當廣泛，種類繁多，在病毒的分類學上分屬於不同的病毒屬。目前全球已發現的蟲媒病毒有 500 多種，其中對人類致病的有 100 多種。目前國內發現的蟲媒病毒有 9 種，其中引起疾病流行的有 4 種，包括黃病毒科的 B 型腦炎病毒、森林腦炎病毒和登革熱病毒，以及布尼亞病毒科的新疆出血熱病毒。

　　流行性 B 型腦炎病毒（encephalitis B virus）屬於黃病毒科（Flaviviridae），是流行性 B 型腦炎（epidemic encephalitis B）的病原體，簡稱爲 B 腦病毒。該病毒經由蚊蟲叮咬而傳播。1953 年，日本學者首先從腦炎死亡者的腦組織中分離獲得，故國際上稱爲日本腦炎病毒（Japanese encephalitis virus, JEV），所導致的疾病稱爲日本 B 型腦炎。病毒主要侵犯中樞神經系統，病死率較高，倖存者常會留下神經系統後遺症。

　　B 型腦炎病毒生物學的性狀有：

1. **形態與結構**：B 腦病毒呈現球形，直徑 34 ～ 40nm，有包膜，核衣殼呈現 20 面體立體對稱，核心爲單正鏈 RNA，基因組全長 10976bp，只含有一個開放讀碼框，編碼結構蛋白 C、M、E 以及非結構蛋白 NS1 ～ NS5。C 蛋白爲衣殼蛋白，包繞在核酸的外面，構成核衣殼；M 蛋白爲膜蛋白，位於包膜內側，參與病毒的裝配。E 蛋白是包膜表面的刺突糖蛋白，在 pH 值 6.0 ～ 6.5 的範圍內能夠凝集雞、鵝、羊等動物紅血球。E 蛋白可以與細胞表面的受體結合，與病毒的感染有關。E 蛋白的抗原性穩定，只有一個血清型，會刺激身體產生中和抗體和血凝抑制抗體。在病毒編碼的非結構蛋白中，NS3 具有蛋白酶和解旋酶的功能，NS5 爲聚合酶，NS3 可以結合 RNA 和 ATP 酶，顯示其在病毒複製中發揮重要的功能。

2. **培養的特性**：小老鼠和乳鼠是最常用的敏感動物，乳鼠腦內接種 B 腦病毒 3 ～ 4 天之後發病，出現神經系統興奮性增高、肢體痙攣、麻痹等症狀，而在 1 週左右會死亡。BHK-21（幼倉鼠腎細胞）、C6/36（白蚊伊蚊細胞）、Vero（地鼠腎細胞）等傳代細胞，以及豬腎細胞、雞胚成纖維細胞等原代細胞是常用的敏感細胞，病毒在細胞內增殖會引起明顯的 CPE。在培養血清中含有傳染性病毒，胞漿內胞膜上可以檢查出特異性抗原。

3. **抵抗力**：B 腦病毒抵抗力較弱，56°C，30 分鐘或 100°C，2 分鐘即會失活，低溫穩定，-20°C 可以存活數月，在 -70°C 的條件下可以保存數年。若將感染病毒的腦組織加入 50% 甘油緩衝鹽水中儲存在 4°C，其病毒活力可以維持數月。B 醚、1：1000 去氧膽酸鈉，以及常用消毒劑均可以失活病毒。在酸性的條件下並不穩定，最佳的酸鹼度爲 pH 值 8.5 ～ 9.0。

小博士解說 流行性B型腦炎病毒

1. 透過蚊蟲叮咬而傳播，會引起流行性 B 型腦炎。
2. 傳播範圍較為廣泛，引起疾病的死亡率高，會留下後遺症。

B 型腦炎病毒的流行性學特徵

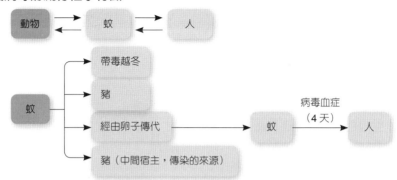

主要的臨床疾病

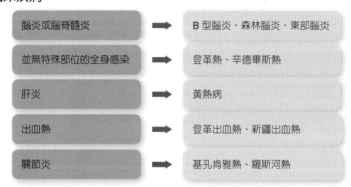

腦炎或腦脊髓炎 ➡	B 型腦炎、森林腦炎、東部腦炎
並無特殊部位的全身感染 ➡	登革熱、辛德畢斯熱
肝炎 ➡	黃熱病
出血熱 ➡	登革出血熱、新疆出血熱
關節炎 ➡	基孔肯雅熱、羅斯河熱

黃病毒（Flavirus）

黃病毒是一大群具有包膜的單正鏈 RNA 病毒	主要透過吸血的節肢動物叮咬而傳播
黃病毒包括	B 型腦炎病毒、登革熱病毒、黃熱病病毒、森林腦炎病毒
A 病毒屬	東部馬腦炎病毒、西部馬腦炎病毒、委內瑞拉馬腦炎病毒、辛德畢斯病毒、基孔肯雅病毒等

黃病毒與 A 病毒的共同特點

小球形病毒	有包膜，有刺突
核酸為 + SSRAN	衣殼為 20 面體對稱，在胞質中增殖
對熱、脂溶劑及去氧膽酸相當敏感	在 PH 值 3～5 之間不穩定
節肢動物是病毒的傳播媒介	節肢動物又是儲存的宿主
病毒的致病力較強	引起疾病的潛伏期較短，病情較重
疾病	具有明顯的季節性和區域性

B 腦病毒的生物學性狀

單正鏈 RNA	有包膜，呈現 20 面立體對稱
三種結構蛋白	E（鑲嵌在包膜上的糖蛋白）、M（位於包膜的內面）、C（為衣殼蛋白）
培養	動物模型（乳鼠）、細胞培養（地鼠腎：幼豬腎原代細胞、C6/36 蚊傳代細胞
抗原性	相當穩定

7-2　B 型腦炎病毒（一）

（一）致病性與免疫性

1. 致病性

(1) 傳染的來源及儲存宿主：主要的傳染來源是家畜、家禽。人被感染之後僅會發生短期病毒血症而且血液中病毒效價比不高，故患者及隱性感染者的傳染來源的意義並不大。豬是 B 腦病毒的自然宿主，在流行期間，豬的感染率高達 100%，為重要的動物傳染來源。蚊蟲叮咬豬之後，病毒會在蚊體內增殖，會終身帶毒，甚至隨著蚊越冬或經由卵傳代，因此蚊子既是主要的傳播媒介又是病毒的長期儲存宿主。此外，蝙蝠也可以作為儲存宿主。

(2) 傳播的途徑：B 腦病毒經常會透過蚊蟲叮咬而傳播。已被證實能夠傳播本病的蚊蟲很多，主要有庫蚊、伊蚊、按蚊的某些種群。此外，從臺灣蠛蠓、庫蠓，甚至蝙蝠體內也分離到 B 腦病毒，故可能為本病的傳播媒介。

(3) 致病的過程：當帶毒雌蚊叮咬人時，病毒隨蚊蟲唾液傳入人體皮下。先在毛細管內皮細胞及局部淋巴結等處的細胞中增殖，隨後有少量病毒進入血流形成第一次病毒血症，此時病毒隨血循環散布到肝、脾等處的細胞中繼續增殖。

多數患者一般不出現明顯症狀或只出現發燒、寒冷、頭痛等流感狀症候群。大約經過 4～7 天潛伏期之後，在體內增殖的大量病毒，再次侵入血流成為第二次病毒血症，而引起發燒、寒顫及全身不適等症狀，若不再繼續發展者，即成為頓挫感染，在數日之後即可以自愈；少數患者體內的病毒會透過血腦屏障進入腦組織內增殖，損傷腦實質和腦膜，引起腦膜及腦組織發炎，出現發高燒、意識障礙、抽搐、嘔吐、驚厥或昏迷等嚴重的中樞神經系統症狀，死亡率較高。部分患者病後遺留失語、強直性痙攣、精神失常等後遺症。

小博士解說 **免疫性**

1. 在感染之後 5～7 天會出現 IgM，2 週達到高峰；IgG 血凝會抑制抗體；中和抗體具有保護的功能；補體結合抗體並無保護的功能；免疫力穩定持久，隱性感染也可以獲得免疫力。
2. B 腦僅分布在亞洲。
3. 80～90% 的病例都集中在 7、8、9 三個月之內。
4. B 腦呈現高度的散發性。

B 型腦炎病毒致病的過程

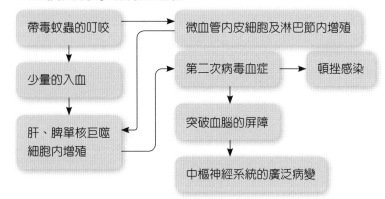

B 型腦炎病毒的致病性與免疫性

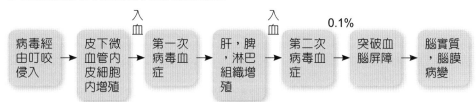

流行病學

傳播的媒介	三帶喙庫蚊、致乏庫蚊、白紋伊蚊及蠛蠓
傳染的來源及儲存的宿主	1. 主要的傳染來源是家畜、家禽
	2. 傳播的流程為：由豬傳播至蚊子，再傳播至豬
	3. 儲存的宿主：病毒在蚊體內增殖，會終身帶毒，並會經由卵來傳遞
易感的族群	1. 民眾對 B 腦病毒普遍易於感染
	2. 通常的流行區以 10 歲以下的兒童發病較多
	3. 在生病之後免疫力強而持久，罕有二次發病者

臨床的特點

輕型	1. 體溫通常在 38 ～ 39℃，患者神智始終清晰，有不同程度的嗜睡
	2. 一般並無抽搐，腦膜刺激並不明顯，大多在一週之內會恢復
中型	1. 體溫經常在 40℃ 左右，有意識障礙，例如昏睡或淺昏迷，偶而有抽搐
	2. 療程大約為 10 天
重型	體溫在 40℃ 以上，神智昏迷，持續性抽搐，會出現呼吸衰竭，恢復期常會有不同程度的精神異常及癱瘓表現
暴發型	有發高燒或超高燒，深度昏迷並有反覆的強烈抽搐，會在短期內因為中樞性呼吸衰竭而死亡，倖存者也常會有嚴重的後遺症

7-3　B 型腦炎病毒（二）

2. 免疫性：民眾對 B 腦病毒普遍易於感染，但是感染之後出現典型 B 腦症狀的只占少數，成人大多因爲隱性感染而免疫。通常流行區以 10 歲以下的兒童發病較多，但是因爲兒童計畫免疫的實施，近來報導，發病年齡有增高的趨勢。B 腦病毒感染之後 4 ～ 5 天會出現血凝抑制抗體，在 2 ～ 4 週達到高峰，會維持一年左右。中和抗體大約在生病之後一週會出現，能有效的阻止病毒血症的發生及病毒的擴散，可以維持 5 年，甚至終生，因此病後免疫力強而持久。身體的抗 B 腦病毒免疫主要依賴中和抗體的功能，但是完整的血腦屏障對阻止病毒進入中樞神經系統具有重要的功能。另外，細胞免疫對於清除感染細胞內的病毒也具有重要的功能，但是也能夠加劇腦組織的病理損傷。

（二）微生物學檢查

　　將病毒接種敏感動物和細胞，會做病毒的分離、培養，但是陽性反應率偏低，故臨床上通常採用血清學方法來做診斷。

1. 特異性 IgM 檢測：B 腦病毒感染發病早期即會產生特異性 IgM，在生病之後 2 ～ 3 週達到高峰，故單份血清會做出早期診斷。若檢測特異性 IgG，則需要測量急性期和恢復期雙份血清，若抗體效價比升高 4 倍及以上時，則有診斷的價值。常用的方法有血凝抑制實驗、ELISA、補體結合實驗及中和實驗等。

2. 病毒分離與鑒定：取病屍腦組織研磨成 10% 懸液，接種 1 ～ 3 天齡乳鼠腦內，待發病瀕死時，取腦懸液，使用單複製抗體做中和實驗來鑒定病毒。也會接種敏感細胞（例如 C6/36 細胞系）來分離病毒。

（三）防治的原則

　　接種疫苗是最有效的預防方式。國內現在使用的 B 腦失活疫苗是使用地鼠腎細胞來培養增殖，以 A 醛失活製成。免疫的對象爲 9 個月 ～ 10 歲兒童，再初次免疫時，皮下注射 2 ～ 3 次，間隔 7 ～ 10 天，以後每年加強注射一次，免疫力維持半年左右。該疫苗安全而有效，其保護率高達 66 ～ 90%。

　　做好環境衛生，防蚊滅蚊是預防本病的有效措施。幼豬免疫接種 B 腦疫苗，會切斷傳染途徑，有效地控制 B 腦病毒的傳播。

微生物學檢查

病毒的分離 ➡	屍檢或以延髓穿刺取腦組織製成懸液，在離心之後取上清液接種乳鼠腦內或做細胞培養，可以做回顧性診斷
抗原檢測 ➡	早期的診斷
血清學檢查 ➡	特異性 IgM 敵測定、血凝抑制實驗、補體結合實驗、中和實驗

血清學檢查

特異性 IgM 測定	1. 早期診斷 2. 在感染 4 天會出現，2 ～ 3 週達到高峰
血凝抑制實驗	若雙份血清效價比增長 4 倍以上即可以確診，若單份血清抗體效價比為 1：100 則為可疑，若 1：320 可以做診斷，若 1：640 則可以確診
補體結合實驗	1. 近期感染 2. 若雙份血清效價比增長 4 倍以上即可以確診，若單份血清抗體效價比 1：2 則為可疑，若 1：4 為陽性反應，若 1：16 則有診斷的價值
中和實驗	1. 流行病學調查 2. 若效價比增長 4 倍以上即可以確診 3. 早期為 IgM，後期為 IgG

B 腦的預防

滅蚊防蚊	1. 稻田養魚或灑藥等措施控制稻田蚊蟲孳生 2. 在畜圈內噴灑殺蟲劑
族群免疫	1. 失活疫苗和減毒活疫苗 2. 對象主要為流行區 6 個月以上 10 歲以下的兒童 3. 在流行之前 1 ～ 2 個月開始，間隔 7 ～ 10 天再種 1 次，以後第 2、3、7、13 年加強注射一次
幼豬疫苗接種	

7-4　登革病毒

　　登革病毒（Dengue virus）感染引起登革熱（Dengue fever, DF）或登革出血熱（Dengue haemorrhagic fever, DHF），該病流行於熱帶、亞熱帶地區，特別是東南亞、西太平洋及中南美洲。登革病毒會透過伊蚊來傳播。

（一）生物學的特性

　　登革病毒屬於黃病毒科黃病毒屬，形態結構與 B 腦病毒相類似，但是體積較小，大約 17～25nm，基因組爲單正股 RNA，長大約爲 11kb，編碼衣殼蛋白（C 蛋白）、膜蛋白（M 蛋白）和包膜糖蛋白（E 蛋白）3 個結構蛋白，以及 5 個非結構蛋白。E 蛋白具有型和屬的特異性抗原表位，能誘導產生中和抗體和血凝抑制抗體，具有保護性。依抗原性不同分爲 1、2、3、4 四個血清型，各型病毒之間抗原性有交叉的現象，與 B 腦病毒和西尼祿病毒也有部分的抗原相同。病毒在蚊體內以及白紋伊蚊傳代細胞（C6/36 細胞）、猴腎、地鼠腎原代和傳代細胞中能增殖，並產生明顯的細胞病變。實驗敏感動物主要局限於小白鼠乳鼠。登革病毒的抵抗力不強，常用化學消毒劑、脂溶劑、56°C，30 分鐘、蛋白酶均會失活病毒。

（二）致病性與免疫性

　　登革病毒經由蚊（主要是埃及伊蚊）來傳播。病人及隱性感染者是本病症的主要傳染來源，而叢林中的靈長類是維護病毒在自然界循環的動物宿主。人對登革病毒普遍易於感染。病毒在感染人之後，其潛伏期大約爲 3～8 天左右，先在微血管內皮細胞及單核巨噬細胞系統中複製增殖，然後經由血流來擴散，而引起發燒、頭痛、乏力，肌肉、骨骼和關節痛，大約半數會伴隨噁心、嘔吐、皮疹或淋巴結腫大。部分病人會於發燒 2～4 天之後症狀會突然加重，發生出血和休克。相關的研究證實，將相當程度劑量的登革病毒與次中和濃度的登革病毒抗體混合之後再接種人或猴的單核細胞，病毒的增殖數量會明顯地比對照組高。因此多數學者認爲免疫病理反應在該病症的發展過程發揮重要的功能，在初次感染登革病毒之後所誘生的抗體對再次感染的病毒會發生所謂依賴抗體的促進病毒感染的功能（antibody-dependent enhancement, ADE），或免疫促進的功能。此外，大量登革病毒抗原與抗體在血循環中形成的免疫合成物，會啓動補體系統而引起血管通透性的增高，其與休克的發生亦有密切的關係。

小博士[解][說]

1. 登革熱為登革病毒蚊媒傳播所引起的急性蟲媒傳染病。
2. 登革病毒感染會引起登革熱、登革出血熱／登革休克症候群。
3. 登革病毒由伊蚊所傳播。
4. 該病症流行於熱帶、亞熱帶地區，特別是東南亞、西太平洋及中南美洲。

登革病毒的致病過程

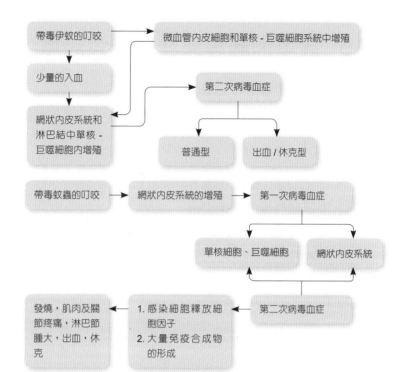

帶毒伊蚊的叮咬 → 微血管內皮細胞和單核 - 巨噬細胞系統中增殖

少量的入血

網狀內皮系統和淋巴結中單核 - 巨噬細胞內增殖

第二次病毒血症

普通型　　出血 / 休克型

登革病毒的致病機制

帶毒蚊蟲的叮咬 → 網狀內皮系統的增殖 → 第一次病毒血症

單核細胞、巨噬細胞　　網狀內皮系統

發燒，肌肉及關節疼痛，淋巴節腫大，出血，休克 ← 1. 感染細胞釋放細胞因子 2. 大量免疫合成物的形成 ← 第二次病毒血症

生物學的性狀

形態	與 B 腦病毒相類似
有 4 個血清型	各型之間有抗原性交叉，與 B 腦病毒亦有交叉抗原
培養及動物模型	使用蚊體胸內接種，白蚊伊蚊傳代細胞（C6/6 株）、地鼠腎細胞培養，新出生的小老鼠對登革病毒亦相當敏感
球形、單股正鏈 RNA，E 蛋白，具有血凝活性	與病毒的吸附、穿入、細胞融合有關，有包膜

致病性與免疫性

流行病學	1. 傳染的來源：人及猴，其中患者和隱性感染者為主要的傳染來源。2. 傳播的媒介：伊蚊（埃及伊蚊及白紋伊蚊），引起猴←→蚊←→人的循環傳播，既是傳播媒介又是病毒的儲存宿主。3. 儲存宿主：人和靈長類動物。
臨床表現 潛伏期 5 ～ 8 天	依據世界衛生組織的標準分為： 1. 普通型登革熱：發燒、骨、關節疼痛、皮疹、出血、全身中毒狀症狀（輕型、典型、重型）。2. 登革出血熱：開始表現為典型登革熱，出血傾向嚴重，常會有兩個以上器官大量出血，出血量大於 100ml。3. 登革休克症候群：在療程中或退燒之後，病情突然加重，有明顯出血的傾向，伴隨著周圍的循環衰竭。

登革出血熱 / 登革休克症候群的發病機制

免疫的促進作用（immune enhancement）或依賴抗體的促進病毒感染作用（ADE）	在初次感染所誘生的抗體對再次感染具有促進的功能
受到感染的單核巨噬細胞	在特異性的 T 細胞及 IL-2、IFN-γ 等細胞因子的運作之下，釋放 TNF-α、蛋白酶、凝血酶及血管通透因子，導致 C3 啓動、血小板減少及血管通透性增加，導致出血和休克
登革病毒與抗體形成的 IC	會啓動補體，同樣會導致血管通透性的增加

7-5　登革熱病毒與森林腦炎病毒

（三）登革熱病毒的實驗室檢查

1. 病毒的分離：急性期患者血清（1～3 天）；白紋伊蚊胸內（白紋伊蚊細胞株 C6/36）；小白鼠腦內、猴腎細胞株。
2. 血清學檢查：單份血清補體結合實驗之效價比超過 1：32；紅血球凝集抑制實驗效價比超過 1：1280 者具有診斷的價值；雙份血清恢復期抗體效價比急性期高 4 倍以上者，則可以確診；早期診斷要使用 ELISA 法及斑點免疫測定法來檢測 IgM。

（四）登革熱病毒的臨床表現

1. 潛伏期為 5～8 天，依據世界衛生組織的標準分為登革熱（DF）、發燒、骨、關節疼痛、淋巴結腫大（1 週）、登革出血熱（DHF）。
2. 開始表現為典型登革熱，出血的傾向嚴重。
3. 常會有兩個以上的器官大量出血，出血量大於 100ml。
4. 登革出血熱（登革休克症候群（DSS））：在病程之中或退燒之後，病情會突然地加重；有明顯的出血傾向，伴隨著周圍循環衰竭；重型見於再次感染，以免疫病理損傷為主。

（五）登革熱病毒的微生物學檢查

病人在感染 7 天之後血清中會出現血凝抑制抗體，稍後會出現補體結合抗體。在實驗診斷中，利用 C6/36 細胞分離病毒是最敏感的方法，使用收穫液作抗原，做血凝抑制實驗會迅速作出鑒定。取病人血清做中和實驗、血凝抑制實驗和補體結合實驗，會提供診斷的依據。近年還有使用 ELISA 捕獲法來檢測 IgM 抗體作為早期的診斷指標。

（六）登革熱病毒的防治原則

預防措施的重點在於防蚊和滅蚊。

（七）森林腦炎病毒

1. 森林腦炎病毒又稱為蘇聯春夏型腦炎病毒。
2. 傳染的來源為齧齒類動物。
3. 蜱既是傳播媒介又是儲存宿主。
4. 森林腦炎是一種中樞神經系統的急性傳染病，病人出現發高燒、頭痛、昏睡及外圍型弛緩性麻痺等症狀。

小博士 解說

1. 登革病毒發病原理的假說：抗體依賴的增強功能（antibody-dependent enhancement, ADE）。
2. 登革病毒：登革病毒是透過伊蚊的傳播，而引起登革熱的病原體。
3. 登革病毒的微生物學檢查與防治：與 B 腦病毒相類似；檢測患者血清特異性抗體，恢復期比急性期效價比增高 4 倍或 4 倍以上，則有診斷的價值；特異性 IgM 陽性反應有助於早期的診斷；尚未有特效藥治療登革病毒感染，登革病毒疫苗尚未研製成功。
4. 森林腦炎病毒：其生物學性狀與 B 腦病毒相似，蜱是傳播媒介也是儲存的宿主，好發的季節為春夏季（5-7 月），生病後之免疫力具有持久力，林區的工作人員應接種疫苗。

登革熱的傳播

病毒只存在於人、猴及埃及斑蚊和白線斑蚊病媒蚊的體內 ➡ 導致人被病媒蚊叮咬、傳播 ➡ 發燒期間具有高度的傳染力 ➡ 若病情較輕在 1 至 2 天會自癒，在嚴重時，則需要 7 至 10 天才會康復，甚至會死亡

登革病毒的微生物學檢查

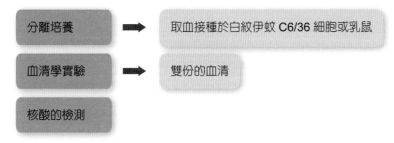

分離培養 ➡ 取血接種於白紋伊蚊 C6/36 細胞或乳鼠

血清學實驗 ➡ 雙份的血清

核酸的檢測

登革病毒的臨床表現

普通型	為發燒、頭痛、肌肉和骨關節酸痛、淋巴結腫大及皮疹
血熱 / 休克型	通常發生於再次感染者，初期有典型的登革熱症狀，隨後病情會迅速地發展，而出現皮膚大片紫瘢及瘀斑、牙齦出血、消化道出血等，並進一步發展為休克，其死亡率較高

登革病毒的致病性

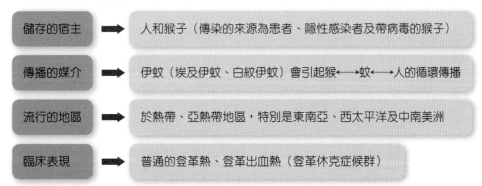

儲存的宿主 ➡ 人和猴子（傳染的來源為患者、隱性感染者及帶病毒的猴子）

傳播的媒介 ➡ 伊蚊（埃及伊蚊、白紋伊蚊）會引起猴←→蚊←→人的循環傳播

流行的地區 ➡ 於熱帶、亞熱帶地區，特別是東南亞、西太平洋及中南美洲

臨床表現 ➡ 普通的登革熱、登革出血熱（登革休克症候群）

第 8 章
出血熱病毒

1. 瞭解常見引起出血熱的病原體，生物學的性狀，流行的流程，致病性與免疫性

2. 瞭解微生物學的檢查方法，防治的原則

8-1 漢坦病毒：生物學的性狀

　　出血熱（hemorrhagic fever）是一種由節肢動物（蜱、蚊）或齧齒動物傳播的自然疫源性疾病。動物宿主透過各自的途徑將病毒傳染給人。其所導致的疾病以發燒、皮膚和黏膜出現瘀點或瘀斑、不同內臟器官的損害和出血，以及低血壓和休克等為主要的特徵。引起出血熱的病毒種類較多，分別屬於不同的病毒科。

　　漢坦病毒（Hantaan virus）屬於布尼亞病毒科（Bunyaviridae）漢坦病毒屬（Hantavirus）。1978 年韓國學者李鎬汪首先從漢坦河流域的黑線姬鼠肺組織中分離出該病毒。到目前為止，根據其抗原性及基因結構特徵的不同，該屬至少發現有 20 餘種漢坦病毒血清 / 基因型。不同的血清型引起的疾病臨床表現不同。人類感染漢坦病毒之後會導致兩種嚴重的疾病：腎症候群出血熱（hemorrhagic fever with renal syndrome, HFRS）和漢坦病毒肺症候群（Hanta virus pulmonary symdrome, HPS）。

　　漢坦病毒其生物學的性狀有：

1. 形態結構：病毒體會呈現圓形、卵圓形，平均直徑為 120nm。有包膜，包膜上有糖蛋白突起。核衣殼螺旋對稱。病毒的核酸為單股負鏈 RNA，分為大（L）、中（M）、小（S）三個節段。S 段長大約為 1600 鹼基對（bp, base pair）～ 2000 鹼基對，編碼核蛋白（N），包裹病毒 RNA，構成核衣殼，該蛋白免疫原性相當強。M 段長大約為 3600 ～ 3700bp，編碼包膜糖蛋白（G1，G2），具有中和抗原位點和血凝活性位點，在 pH 值 5.6 ～ 6.4 時會凝集鵝紅血球誘導身體產生特異性中和抗體和血凝抑制抗體。L 段長大約 6500bp，編碼依賴 RNA 的 RNA 多重聚合酶（L），在病毒複製中發揮重要的功能。由於漢坦病毒是分節段的 RNA 病毒，所以極易發生變異，在三個基因節段中，M 階段的變異最為顯著，其次是 S 節段，而 L 節段較為保守。基因突變的結果會導致抗原漂移或抗原轉換。

2. 培養的特性：多種細胞均對漢坦病毒相當敏感，實驗室常使用非洲綠猴腎細胞（Vero-E6）、人胚肺二倍體細胞等來分離培養該病毒，但是細胞病變並不明顯。常採用免疫螢光法檢測病毒抗原來判定病毒是否在感染細胞中增殖。易感動物有多種，例如黑線姬鼠、長爪沙鼠、小白鼠、大白鼠等，但除了小白鼠乳鼠感染後會發病及致死之外，其餘均無明顯的症狀。

病毒的分類

I 型	II 型	III 型	IV 型	V 型	VI 型
黑線姬鼠型	家鼠型或大老鼠型	棕背鼠型	田鼠型	黃頸姬鼠型	小老鼠型或家鼠型

註：從國內不同疫區、不同動物及病人分離出的 HFRS 病毒，分屬於 I 型和 II 型，兩型病毒的抗原性有交叉。

生物學性狀的形態結構

有包膜	包膜上有刺突
單負鏈 RNA	分為 L、M、S 三個節段
四種病毒蛋白	1. 四種病毒蛋白為 RNA 多重聚合酶(L)、糖蛋白 G1、G2、核衣殼蛋白(N) 2. 在 pH 值為 5.6 ～ 6.4 時會凝集鵝紅血球

其他的生物學特性

培養的特性	可以在人肺傳代細胞（A549）、非洲綠猴腎細胞（Vero-E6）、人胚肺二倍體細胞（2BS）及地鼠腎細胞中增殖，但並不會引起明顯的細胞病變，在感染細胞的細胞質內會形成包涵體
病毒的類別	依據基因序列和抗原性可以分為 14 個型別
抵抗力	對酸（pH3）和丙酮、氯仿、乙醚等脂溶劑相當敏感，在 60℃，1 分鐘可以失活病毒

✛ 知識補充站

1. 漢坦病毒為腎症候群出血熱及漢坦病毒肺症候群的病原，由老鼠類等傳播的自然疫源性急性病毒性傳染病，首先由韓國李鎬汪等在 1978 年從該國疫區捕獲的黑線姬鼠肺組織中分離出來，並根據分離地點稱為「漢灘病毒」。

2. 抵抗力：病毒抵抗力不強。對熱、酸（pH3.0）、脂溶劑敏感。一般消毒劑，例如來蘇爾、新潔爾滅等亦能失活病毒。56 ～ 60℃，30 分鐘會失活病毒。pH 值 5.0 以下的病毒會迅速被失活。紫外線照射 30 分鐘也會失活病毒。

8-2　漢坦病毒：流行的流程及致病性與免疫性

（一）流行的流程

　　HFRS 是由老鼠類傳播的自然疫源性急性病毒性傳染病，以往此病在日本被稱為流行性出血熱，在韓國被稱為朝鮮出血熱，在前蘇聯被稱為遠東出血熱和出血性腎炎，在北歐國家被稱為流行性腎病。在 1980 年世界衛生組織將其統一命名為腎症候群出血熱。此病有明顯的地區性和季節性，與老鼠類的分布與活動有關。目前世界上已經發現能攜帶本病毒的老鼠類百餘種，疫源地遍及世界五大洲。在亞洲、歐洲、非洲和美洲等 28 個國家都有病例報告。黑線姬鼠和褐家鼠是國內各疫區 HFRS 病毒的主要宿主動物和傳染來源。Ⅰ型 HFRS 發病大多集中於秋、冬之間，Ⅱ型則大多集中於春、夏之間。人類對漢坦病毒普遍易感，漢坦病毒主要透過呼吸道、消化道、傷口、蟲媒和母嬰等途徑的傳播。其中呼吸道、消化道、傷口（動物源性傳播）是主要的傳播途徑，攜帶病毒的動物透過唾液、尿、糞便排出病毒污染環境，人或動物透過呼吸道、消化道、直接接觸感染動物或被帶毒的動物咬傷等受到傳染。蟎類也會是該病的傳播媒介。HFRS 感染的孕婦會將病毒傳給胎兒，而 HPS 尚未發現有垂直傳播。

（二）致病性與免疫性

1. 致病性：漢坦病毒在感染之後，主要引起 HFRS 和 HPS 兩種不同的疾病。漢坦病毒有獨特的組織嗜性，對毛細管內皮細胞及免疫細胞有較強的親嗜性和侵襲力。潛伏期一般為兩週左右，發病較急，發展較快。臨床表現為小血管和微血管廣泛性損傷，血管內皮細胞腫脹、壞死、血管通透性增高，滲出、水腫和出血。HFRS 的主要表現為發高燒、出血、腎臟損害和免疫功能紊亂；而 HPS 的病變主要在肺組織，會引起雙側肺彌漫性浸潤、間質水腫並迅速發展為呼吸窘迫，衰竭，病死率較高。漢坦病毒的致病機制目前尚未完全明瞭，一般認為病毒的直接損傷和宿主的免疫病理反應與其臨床症狀的出現有關。在病程早期的血液中 IgE 的水準會增高，微血管周圍有肥大細胞浸潤和脫顆粒。另外，在早期病人體內即會出現大量循環免疫合成物，在血管壁、腎小球及腎小管上有免疫合成物沉積，血清補體水準下降；這些現象證實Ⅰ型和Ⅱ型變態反應造成的免疫病理損傷也參與了 HFRS 的致病。

2. 免疫性：人對 HFRS 病毒普遍易感，但是以僅有少數人發病，大部分人呈現隱性感染的狀態，特別是Ⅱ型疫區的人群隱性感染率更高。HFRS 病後會獲得對同型病毒的持久免疫力，IgG 抗體在體內會持續存在 30 餘年。但隱性感染產生的免疫力大多不能持久。近年來的研究結果證實，在不同的抗體成分中，對身體發揮免疫保護功能的主要是由 G1 和 G2 糖蛋白刺激產生的中和抗體和血凝抑制抗體，而由 N 蛋白刺激產生的特異性抗體在免疫保護中也發揮相當程度的功能。

傳播的途徑

黑線姬鼠和褐家鼠 ➡	是國內各疫區 HFRS 病毒的主要宿主動物和傳染的來源
可能的途徑有 3 類 5 種 ➡	動物源性傳播（呼吸道、消化道、傷口）、蟲媒傳播（厲蟎、小盾纖恙蟎）

致病性：腎症候群出血熱

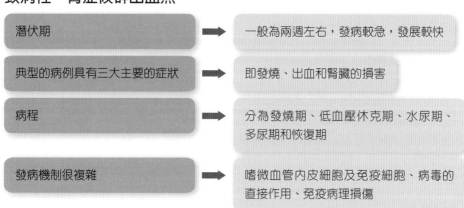

潛伏期 ➡	一般為兩週左右，發病較急，發展較快
典型的病例具有三大主要的症狀 ➡	即發燒、出血和腎臟的損害
病程 ➡	分為發燒期、低血壓休克期、水尿期、多尿期和恢復期
發病機制很複雜 ➡	嗜微血管內皮細胞及免疫細胞、病毒的直接作用、免疫病理損傷

免疫性

G1 和 G2 糖蛋白的刺激	會產生中和抗體和血凝抑制抗體（發揮主要的功能）
N 蛋白的刺激	會產生特異性抗體
感染之後的抗體出現較早	在 1～2 天即可以檢測出免疫球蛋白 M（IgM）抗體，第 7～10 天達到高峰，在 3～4 天可以檢測出免疫球蛋白 G（Immunoglobulin G，IgG）抗體，在第 14～20 天達到高峰
細胞免疫	也具有重要的功能
免疫力牢固	IgG 抗體在體內可以持續存在 30 餘年，隱性感染所產生的免疫力大多數並不能持久

✚ 知識補充站

1. 漢坦病毒肺症候群：為漢坦病毒屬的辛諾柏病毒、黑港渠病毒及囚犯港病毒為病原，常會引起雙側肺瀰散性浸潤、間質水腫，在嚴重時會導致呼吸衰竭。

2. 流行的特點：疫源地遍及世界五大洲；在 1980 年代中期以來，年發病人數超過 10 萬，病死率為 3～5%，有的地區高達 10%；以地區性和季節性來區分。

8-3 漢坦病毒與新疆出血熱病毒

（一）漢坦病毒的微生物學檢查

1. 病毒分離：病人急性期血液、屍體檢查組織或感染動物的肺、腎等組織均會用於病毒分離。常用 Vero-E6 細胞分離來培養，在培養 7～14 天之後，使用病毒特異性抗體的免疫螢光染色法來檢查細胞內是否有病毒抗原。接種易於感染的動物，常使用黑線姬鼠、大鼠或初生小鼠，透過腹腔或腦內來接種，大約需要兩週左右，會檢測肺組織中的特異性病毒抗原。也可以使用 RT-PCR 或套式 PCR 來檢測標本中病毒的 RNA 片斷，並會透過設計不同的引物，對病毒加以分類。在做動物實驗時採取嚴格的隔離及防護措施，以防止發生實驗室感染。

2. 血清學檢查：將感染病毒的老鼠肺組織或培養細胞製成抗原片，使用間接免疫螢光染色法來檢測病人血清中病毒特異性的 IgM 或 IgG 抗體，單份血清標本 IgM 陽性反應或雙份血清 IgG 呈現 4 倍或 4 倍以上的增高，均有診斷的價值。使用血凝抑制實驗來檢測血凝抑制抗體，在輔助性診斷和流行病學調查中也較為常用。

（二）漢坦病毒的防治原則

主要採取滅鼠、防鼠、滅蟲、消毒和個人防護等措施。HFRS 會透過注射特異性疫苗來做預防的工作。國內研製的純化鼠腦失活疫苗和細胞培養失活疫苗，在不同疫區所做的大量民眾接種，顯示抗體陽性反應率高達 92%，保護率高達 93～97%。而基因工程疫苗和核酸疫苗也在積極地研發中。利巴韋林（病毒唑）和病人恢復期血清對早期病人有相當程度的療效。

（三）新疆出血熱病毒

此病毒是從大陸新疆塔里木盆地出血熱病人的血液、實體內臟器官之中，以及疫區捕獲的硬蜱中分離而獲得。

1. 屬於布尼亞病毒科。
2. 病毒結構、培養特性、抵抗力與漢坦病毒相類似。
3. 抗原性、致病性及傳播方式與漢坦病毒不同。
4. 自然疫源疾病，主要分布於有硬蜱活動的荒漠和牧場。
5. 野生囓齒動物（牛，羊，馬，駱駝等）是儲存的宿主。
6. 傳播媒介為亞洲璃眼蜱，病毒也可以經由卵來傳遞。
7. 發病有明顯的季節性，每年 4～5 月為流行的高峰期。
8. 潛伏期為 7 天左右，臨床表現為發燒，全身疼痛，出血及中毒的症狀。
9. 生病之後的免疫力相當牢固。

小博士解說 **漢坦病毒的預防與治療**

1. 滅鼠、防鼠。
2. 注意個人的防護。
3. 運用三種 HFRS 疫苗：純化鼠腦失活疫苗、細胞培養失活疫苗、基因工程疫苗。

漢坦病毒的血清學檢查

檢測特異性 IgM 抗體	➡	抗體在發病之後第 1～2 天即可以檢查出來，急性期陽性反應率可以達到 95% 以上，具有早期的診斷價值
檢測特異性 IgG 抗體	➡	需要檢測雙份血清（間隔至少 1 週），抗體效價比若升高 4 倍則具有診斷的價值，可以用於血清流行病學調查
檢測血凝抑制抗體	➡	血凝抑制實驗，輔助性診斷和流行病學調查

新疆出血熱病毒

病毒的形態結構	與漢坦病毒相類似
流行的地區和季節	新疆出血熱是一種自然疫源性疾病，主要分布於荒漠和牧場，以 4～5 月份為高峰期
儲存的宿主	病毒的儲存宿主為羊、牛、馬和駱駝等家畜以及子午砂鼠和塔里木兔等野生動物。
傳播的媒介：硬蜱	病毒可以經由蜱卵傳代，以動物←→蜱←→人的傳播方式在疫區流行
致病的過程	1. 人體被蜱叮咬或通過皮膚傷口而感染，經過 1 週左右的潛伏期而發病 2. 病毒可能在血管內皮細胞增殖，而透過病毒血症向全身播散
臨床表現	出現發燒、全身疼痛、皮膚黏膜出血點、便血、血尿和低血壓、休克等臨床表現
免疫性	1. 發病之後 1 週身體出現中和抗體，並獲得持久的免疫力 2. 滅活鼠腦疫苗，使用安全，其預防效果尚在觀察中

四種蟲媒病毒與出血熱病毒生物學特性和致病性的比較

特性	B 腦病毒	登革病毒	漢坦病毒	新疆出血熱病毒
病毒科	黃病毒科	黃病毒科	布尼亞病毒科	布尼亞病毒科
病毒的形態結構	球形、45nm、核酸 +ssRNA、衣殼 20 面體、有包膜、包膜糖蛋白 E 為血凝素刺突	與 B 腦病毒相類似	球形、122nm、核酸 -ssRNA 分 3 個節段、衣殼螺旋對稱、有包膜、包膜糖蛋白 G1、G2 為血凝抗原	與漢坦病毒相類似
儲存的宿主／傳染的來源	家畜（豬）、家禽和鳥類	猴子	黑線姬鼠、田鼠、褐家鼠	家畜、子午沙鼠、塔里木兔
傳播的媒介	庫蚊	伊蚊	齧齒的動物	硬蜱
傳播的途徑	蚊叮咬	蚊叮咬	呼吸道、消化道、皮膚接觸	蜱叮咬
主要的地理分布	東南亞	東南亞	北歐、東亞	大陸新疆
流行的季節	南方 6～7 月 北方 8～9 月	南方 6～7 月 北方 8～9 月	10～12 月	4～5 月
所導致的疾病	B 型腦炎	普通登革熱 登革出血熱	腎症候群出血熱 肺症候群出血熱	新疆出血熱

NOTE

第 9 章
逆轉錄病毒

1. 瞭解逆轉錄病毒的種類
2. 掌握人類免疫缺陷病毒的生物學性狀（形態與結構，基因組結構與功能，病毒的複製與變異、病毒受體與細胞親嗜性、培養特性、抵抗力），致病性與免疫性（傳染來源與傳播途徑、臨床表現、致病的機制），防治的原則
3. 瞭解逆轉錄病毒的分類，HTL-I，HTL-II
4. 掌握人類免疫缺陷病毒的傳播途徑及致病特點
5. 熟悉人類免疫缺陷病毒感染的防治原則

9-1　人類免疫缺陷病毒

逆轉錄病毒屬於逆轉錄病毒科（Retroviridae）病毒，是一組含有逆轉錄酶的 RNA 病毒。根據其嗜組織性、宿主的範圍、病毒的形態及致病的功能分爲三個子科：

1. **RNA 腫瘤病毒子科**：該子科包括會引起禽類、哺乳類乃至靈長類動物的白血病、肉瘤、淋巴瘤和乳腺癌等多種病毒。僅有 I 型、II 型和 V 型人類嗜 T 淋巴細胞病毒（human T cell lymphotropic virus, HTLV）與人類腫瘤有關。

2. **慢病毒子科**：包括人類免疫缺陷病毒（human immune deficience virus, HIV）及多種對動物致病的病毒。

3. **泡沫病毒子科**：包括靈長類、牛、豬和人泡沫病毒，使感染細胞發生泡沫狀變性，尚未發現該類病毒與人類疾病有關。

逆轉錄病毒的特性爲：(1) 球形病毒，有包膜，直徑爲 80～120nm；(2) 基因組爲兩條正鏈 RNA 所組成；(3) 含有逆轉錄酶和整合酶；(4) 在複製時透過 DNA 中間體，病毒核酸能夠整合於宿主細胞的染色體。

人類免疫缺陷病毒 HIV 是獲得性免疫缺陷症候群（Acquired Immune Deficiency Syndrome, AIDS），即愛滋病的病原體。1983 年法國 Montaginer 等人首先從 1 位慢性淋巴腺病症候群患者血清中分離出來，稱爲淋巴腺病相關病毒（lymphadenopathy associated virus, LAV）。1984 年美國 Gallo 等人隨後從愛滋病人中分離到逆轉錄病毒，稱爲人類嗜 T 淋巴細胞病毒III型（human T cell lymphotropic virus type III, HTLV-III）。後來證實這兩種病毒實際上是同一種病毒，1986 年國際統一命名爲人類免疫缺陷病毒。HIV 主要有 HIV-1 和 HIV-2 兩個類別，現在流行的愛滋病大多是由 HIV-1 所引起的，大約占 95%，HIV-2 僅在西非呈現地區性的流行。愛滋病是一種全球性傳染病。根據聯合國愛滋病規劃署和世界衛生組織的聯合公布：至 2004 年 12 月爲止，全球累計 HIV 感染者爲 3,940 萬人，已死亡病人高達 2,300 多萬人。其中以非洲的流行最爲嚴重，大多集中在撒哈拉以南之非洲地區，其次是東南地區。AIDS 已經成爲目前最重要的公共衛生問題之一。

小博士 解說

1. 愛滋病的治療：人類免疫缺陷病毒是獲得性免疫缺陷症候群（Acquired Immune deficiency Syndrome, AIDS）的病原體。愛滋病即 AIDS 的音譯。若不治療，一般 AIDS 患者在 1～2 年之內會死亡。

2. 有關愛滋病的風險，美國疾病控制中心報告如下：依據聯合國愛滋病聯合計畫署的資料證實，截至 2003 年底，全球有 4,000 萬 HIV 感染者，其中小於 15 歲的兒童有 250 萬人。2003 年就有 500 萬人感染 HIV，導致了 300 萬人的死亡。

疾病發展的流程

感染 HIV ➡ 急性 HIV 感染症候群 ➡ 慢性感染（進展） ➡ 愛滋病期

AIDS 與非 AIDS 合併卡氏肺孢子蟲肺炎的不同點

項目	AIDS 合併 PCP	並非 AIDS 合併 PCP
流行病學	發病率較高，美國占 60 ～ 64％，日本占半數	發病率較低，CDC：0.01 ～ 1.1 ％，Stjode CRH 22 ～ 42％，日本京都醫大兒科 30.6％
前驅症狀	潛伏期較長（1 ～ 27 日平均 28 日）	比較短（1 ～ 15 日平均 5 日）
臨床症狀	比較緩慢，症狀長時間地持續下去，發燒，動脈血氧分壓，XP 等稍為緩慢	發病較急、症狀急劇
治療的效果	大約兩週以上	大約 1 ～ 2 週以內
ST 合成劑的副作用	發疹等副作用，頻發病率為 64.7％	副作用輕微者多發病率為 11.8％
死亡率	一次發病到死亡大約占 50％	20 ～ 50％
再發率	較高（大約為 20％）	較低（成人基本為 0％，小兒占 11.8％）

逆轉錄病毒科分為 3 個子科

RNA 腫瘤病毒子科（Oncovirinae）	會引起禽類、動物的白血病、肉瘤和乳腺癌的多種病毒，例如：HTLV I 型、II 型和 V 型
慢病毒子科（Lentivirinae）	HIV、馬傳染性貧血病毒、會引起綿羊肺炎與脫鞘病的 Visna 病毒
泡沫病毒子科（Spumavirinae）	靈長類、牛、豬及人泡沫病毒，並未發現與人臨床疾患有關

逆轉錄病毒的共同特徵

形態	球形，有包膜，大小為 80 ～ 120nm
基因	SSRNA $^+$，二聚體，核心中有逆轉錄酶（RNA 多聚酶）
複製	透過 DNA 中間體，以出芽方式來加以釋放
能與宿主細胞 DNA 整合	
細胞受體決定病毒的組織嗜性	

愛滋病的特點

愛滋病患者常見的併發症及其主要的病原體

間質性肺炎	卡氏肺孢菌，EB 病毒，巨細胞病毒
腸炎	隱孢子菌
念珠菌性食管炎	白假絲酵母菌，EB 病毒
腦膜炎	新生隱球菌，鼠弓形體
皰疹	單純皰疹病毒，水痘
全身性感染	結核分枝桿菌，鳥 - 胞內分枝桿菌
桿狀血管瘤	巨細胞病毒，巴爾通體
Kaposi 肉瘤	人類皰疹病毒 8 型，巨細胞病毒
皮膚癌	人類乳頭瘤病毒

9-2 人類免疫缺陷病毒：生物學的性狀

1. 形態與結構：HIV 病毒體呈現球形，直徑 80 ～ 120nm，爲包膜病毒。病毒包膜爲脂質雙層蛋白膜，其中嵌有 gp120 和 gp41 兩種病毒特異的糖蛋白。前者構成包膜表面的刺突，後者爲跨膜蛋白，糖蛋白易發生抗原性漂移。病毒核衣殼是由衣殼蛋白、逆轉錄酶和兩條相同的正鏈 RNA 等所組成。HIV RNA 全長大約爲 9.7kb，基因組較爲複雜，至少含有 3 個結構基因和 6 個調控基因。其中群特異性抗原基因 gag 編碼聚合蛋白，由蛋白酶切割之後形成 p17、p7、p9 和 p24 等與核衣殼有關的結構蛋白；聚合酶基因 pol 編碼逆轉錄酶、整合酶和蛋白酶；包膜蛋白基因 env 編碼 gp120 和 gp41 糖蛋白。

2. 培養的特性：HIV 主要感染 CD4[+] 細胞，因此，常用新鮮分離的正常人 T 細胞或使用病人自身分離的 T 細胞來加以培養。在病毒感染之後，細胞會出現不同程度的病變，在培養細胞中會測量到病毒抗原。亦會使用傳代淋巴細胞系，例如 HT-H9、Molt-4 細胞來做分離及傳代。

   HIV 感染的動物宿主範圍狹窄，經常使用黑猩猩和恒河猴來做 HIV 感染的動物模型，感染之後在血液和淋巴液中會持續幾個月分離到 HIV，在 3 ～ 5 週之後會檢查出 HIV 特異性抗體，並繼續維持相當程度的水準。但是其感染過程及產生的症狀與人類並不相同，一般並不會發生疾病。

3. 抵抗力：HIV 對熱、消毒劑和去污劑相當敏感，但是對紫外線、γ 射線有較強的抵抗力。通常加熱 56°C，10 分鐘失活病毒，但是在 20 ～ 22°C 室溫保存 7 天仍然會保持活性；0.2% 次氯酸鈉、0.1% 漂白粉、70% 乙醇、35% 異丙醇、50% 乙醚、0.3%H2O2 或 0.5% 來蘇爾等處理 5 分鐘，均會失活病毒。

4. 複製與變異：HIV 的複製是一個特殊而複雜的過程。HIV 病毒體的包膜糖蛋白刺突 gp120 與細胞膜上的特異性受體 CD4 分子結合，然後病毒包膜與細胞膜發生融合，核衣殼進入細胞質內，脫殼釋放 RNA；病毒的反轉錄酶以病毒 RNA 爲範本，經反轉錄產生互補的負股 DNA 構成 RNA：DNA 雜交體，RNA 股水解去除後，再由負股 DNA 產生正股 DNA，從而組成雙股 DNA，整合入宿主細胞染色體中，這種整合的病毒雙股 DNA 即前病毒。前病毒被啟動可轉錄 RNA，有些成爲 mRNA，再在細胞核糖體上翻譯成病毒蛋白質，最後組裝成核衣殼，並從宿主細胞膜獲得包膜構成完整的有感染性的子代病毒，以出芽方式釋放到細胞之外。

HIV 的生物學性狀

愛滋病病毒的分類	1. 分為 HIV-1 和 HIV-2 兩類，同源性相差大約為 40%
	2. HIV-1 於 1984 年被隔離，HIV-2 於 1986 年被隔離
	3. 世界上的愛滋病大多由 HIV-1 感染所導致，HIV-2 只有在西非呈現地區性的流行
愛滋病毒的形態結構	1. 形態：球形，100 ～ 120nm，有包膜
	2. 結構
	(1) 包膜：刺突（gp120 的），胯膜蛋白 gp41
	(2) 衣殼：20 面體立體對稱
	(3) 核心：單鏈 RNA×2，逆轉錄酶及核衣殼蛋白
愛滋病病毒的變異	1. 主要集中在包膜蛋白的 env 基因及調節基因 NEF
	2. 依據估計，包膜基因變異的機率每個位點至少有 0.1%，與流感病毒相類似
	3. 根據 ENV 基因的異同，愛滋病病毒可以分為 A ～ F，H，O 共 8 個子型
愛滋病病毒標靶細胞及受體	1. 標靶細胞：主要為 CD4 + 的牛逼淋巴細胞和單核巨噬細胞子群
	2. 主要的受體：CD4 分子，包膜糖蛋白 gp120 與 CD4V1 區結合
	3. 輔助性受體
	(1) CXCR4（愛滋病毒親牛逼細胞病毒株）
	(2) CXCR5（愛滋病毒親巨噬細胞病毒株）
愛滋病病毒的培養	1. 該病毒僅會在 CD4 + 細胞中增殖
	2. 體外的培養：愛滋病毒只感染 CD4 + 的牛逼細胞和巨噬細胞：
	(1) 原代細胞培養：新鮮分離的人的牛逼細胞
	(2) 傳代細胞培養：H9，CEM 等牛逼細胞株中增殖，在感染之後細胞會出現不同的病變
	3. 製備動物模型：恒河猴和黑猩猩易於感染
愛滋病病毒的抵抗力（阻力）（resistance）	1. 愛滋病病毒的抵抗力較弱
	2. 對熱敏感：在 56℃，30 分鐘會失活
	3. 對消毒劑和去污劑相當敏感
	4. 對紫外線，γ 射線具有較強的抵抗力

9-3 人類免疫缺陷病毒：致病性與免疫性（一）

1. 傳染的來源和傳播的途徑：HIV 的傳染來源是病人或感染者，病毒主要存在於血液、精液和陰道分泌液之中。傳播的途徑包括：
   (1) 性接觸傳播：透過男性同性戀及異性之間的性行為傳播。
   (2) 輸血或血製品：會透過污染 HIV 的血液、血製品、注射、醫療儀器的操作和器官移植等方式傳播。尤其是靜脈藥癮者共用不經過消毒的注射器和針頭所造成感染的情況較為嚴重。
   (3) 母嬰傳播：經由胎盤、產道從母親傳播給胎兒或新生兒。
2. 致病的過程和機制
   (1) 致病的過程：HIV 在感染人體之後，大致分為 4 個時期，即：
   ① 急性感染期：HIV 感染之後第 2 ～ 4 週開始，在受到侵犯的標靶細胞中大量複製增殖和擴散，此時感染者血清中會測出 HIV 抗原。在感染之後 2 ～ 4 週開始，臨床上會出現發燒、咽炎、淋巴結腫大、皮膚斑丘疹和黏膜潰瘍等自限性症狀，急性期大約會持續 1 ～ 2 週。
   ② 臨床潛伏期：此時感染者並不會表現臨床的症狀，但是 HIV 在細胞內以低水準的慢性感染方式持續存在，外圍血液中 HIV 抗原的含量很低而使用一般性的方法不容易檢查出來。潛伏期經歷的時間往往有 3 ～ 10 年之久。
   ③ 愛滋病前期（愛滋病相關症候群）：隨著感染時間的延長，潛伏的病毒又會重新開始大量複製增殖，而使免疫系統的損害加重。出現全身不適，體重減輕等全身症狀。反覆發作非致命性感染，持續性全身淋巴結腫大症候群。病情逐漸加重，CD4$^+$ T 細胞的大量減少。
   ④ 典型的愛滋病期：是愛滋病病毒感染的最後階段。此時期具有三個基本的特點：
   a. 嚴重的細胞免疫缺陷，出現各種機會性病原體感染，例如慢性淋巴性間質性肺炎等。
   b. 發生各種致命性機會性的感染，包括卡氏肺孢子蟲、弓型蟲、隱孢子蟲、念珠菌、結核桿菌、鳥分支桿菌、巨細胞病毒、皰疹病毒、EB 病毒感染等。
   c. 發生各種惡性腫瘤，例如 Kaposis 肉瘤、非霍傑金病等。愛滋病的後期，免疫功能會全面地崩潰，多數的病人於發病 1 ～ 3 年之內會死亡。

小博士解說 HIV慢性感染的機制
1. 包膜蛋白 gp120 的高度變異性。
2. 起始擴增的 CTL 因為過量暴露於 HIV 抗原，而導致衰竭消失。

全球愛滋病傳播的途徑和比例

同性性傳播	異性性傳播	輸入血液 / 血製品傳播	靜注吸毒傳播	母嬰傳播
10%	70%	5～10%	5～10%	10%

致病性與免疫性

流行病學	1. 傳染的來源：HIV 無症狀攜帶者、AIDS 的病人 2. 傳播的途徑： 　(1) 性傳播：同性戀及異性之間的性行為 　(2) 血液傳播：透過輸血、血液製品、與感染者共用注射器等 　(3) 母嬰傳播：經胎盤、產道和哺乳方式 3. 並不是僅在同性戀族群之中發生
HIV 感染的過程	1. 標靶細胞：HIV 選擇性地侵犯帶有 CD4 分子的細胞，主要有 TH 等 2. 機制：細胞表面 CD4 分子是 HIV 受體，透過 HIV 囊膜蛋白 gp120 與細胞膜上 CD4 結合之後，由 gp41 介導使得毒穿入易感細胞之內

HIV 感染的臨床分期

主要感染的急性期	1. 見於 10％的病人，感染愛滋病病毒之後 1-6 週 2. 流感狀的症狀： 　(1) 發燒，咽炎，淋巴結腫大 　(2) 皮膚斑丘疹和黏膜潰瘍還會發生乏力，出汗，惡心，嘔吐，腹瀉等 3. 其他的表現：有的還會出現急性無菌性腦膜炎，呈現為頭痛，神經性症狀和腦膜刺激症 4. 一般症狀持續 3-14 天之後會自然消失
孵化期（潛伏期）	1. 潛伏期：從感染 HIV 開始，到出現愛滋病的臨床症狀和徵象的時間，其平均時間為 2-10 年 2. 臨床症狀：並無任何的臨床症狀，但是並不是靜止期，病毒在受到感染的 CD4$^+$ T 細胞和巨噬細胞中會繼續增殖
愛滋病前期	1. 潛伏期之後開始會出現與愛滋病有關的症狀和徵象，直至發展成典型的愛滋病的一段時間 2. 臨床表現：持續性全身淋巴結腫大症候群（PGL） 3. 全身的症狀：全身不適，體重減輕等 4. 反覆發作非致命性感染：病情會逐漸加重
典型的愛滋病期的三個基本特點	1. 嚴重的細胞免疫缺陷 2. 伺機致命的感染：巨細胞病毒，PCP 3. 伺機腫瘤：卡波西氏肉瘤，霍奇金淋巴瘤

9-4　人類免疫缺陷病毒：致病性與免疫性（二）

(2) 致病機制：HIV 在侵入身體之後，能選擇性地侵犯帶有 CD4 分子的細胞，主要有 CD4+T 淋巴細胞、單核巨噬細胞、樹突狀細胞等。細胞表面 CD4 分子是 HIV 包膜糖蛋白 gp120 的受體，HIV 的 gp120 與細胞膜上 CD4 分子結合，然後再與輔助受體 CXCR4（趨化因子受體）結合，而引起包膜蛋白的構型改變，融合蛋白 gp41 介導病毒包膜和細胞膜的融合，使病毒穿入易感細胞之內。趨化因子受體主要表達在 CD4+T 淋巴細胞。HIV 損傷 CD4+ T 細胞的機制會能透過下列的方式發揮功能：

① 由於病毒體在宿主細胞內透過出芽方式釋放導致細胞損傷。

② 在病毒增殖時，對宿主細胞有干擾的功能。

③ 受染細胞表達病毒糖蛋白 gp120 與周圍未感染的 CD4+ T 細胞融合，形成多核巨細胞而溶解死亡。

④ 受染的細胞膜上產生病毒抗原，並與特異性抗體結合，透過啟動補體或 ADCC 效應將細胞裂解。

⑤ HIV 誘導自身免疫導致細胞破壞。

⑥ HIV 會啟動凋亡基因而導致細胞凋亡。因此，HIV 感染會造成以 CD4+ T 細胞缺損為中心的嚴重免疫缺陷，患者實驗室診斷表現為：外圍的淋巴細胞減少，因為 CD4+ T 細胞減少與 CD8+ T 細胞相對增多而出現 CD4+ T /CD8+ T 比例倒置；T 細胞對植物血凝素等有絲分裂原和特異性抗原的反應性相當低落；遲發型變態反應減弱或消失；NK 細胞、巨噬細胞活性減弱；IL-2、INF-g 等細胞因子合成的減少。在病程的早期，感染者血清抗體水準往往增高，但是隨著疾病的進展，輔助性 T 細胞的大量減少，B 細胞對各種抗原產生抗體的功能也直接和間接地受到影響。HIV 所引起的慢性持續感染與其能逃脫宿主免疫系統的清除有關。例如：

　　a. 病毒包膜蛋白基因易於發生變異，在體內透過不斷變異形成新抗原而逃脫身體免疫系統的識別與清除。

　　b. 病毒基因組與宿主細胞染色體整合，長期處於潛伏感染狀態，細胞不表達或僅表達少量的病毒結構蛋白而形成無「抗原」的狀態。

　　c. 受到感染的單核 - 巨噬細胞會作為 HIV 長期儲存的細胞。當身體受到某些因素的運作，例如受到細菌、真菌和皰疹病毒感染刺激時，潛伏感染狀態的 HIV 則會被激發而大量地複製增殖。

3. 免疫性：HIV 在感染之後會刺激身體生產抗包膜蛋白（gp120, gp41）抗體和抗核心蛋白（p24）抗體。這些抗體在體內具有相當程度的保護功能，在急性感染期會降低血清中病毒抗原量，但是並不能完全清除體內的病毒。HIV 感染也會刺激身體產生特異性細胞免疫回應，尤其是細胞毒 T 細胞（CTL）對 HIV 感染細胞的殺傷和阻止病毒之間的擴散有重要的功能，但是 CTL 也不能清除有 HIV 潛伏感染的細胞。因此，人體一旦被 HIV 感染，則會長期地攜帶病毒。

愛滋病的治療
逆轉錄：HIV RNA 的 DNA 拷貝與宿主細胞染色體整合形成前病毒 DNA

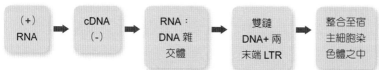

愛滋病的治療
生物的合成（前病毒活化，轉錄）

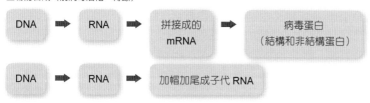

愛滋病的治療
裝配與釋放

人類免疫缺陷病毒的複製

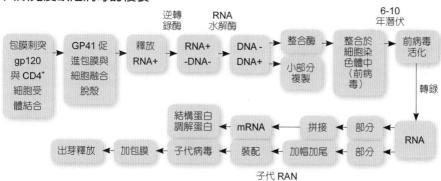

＋ 知識補充站

1. HIV 損傷 CD4 加上細胞的機制：病毒包膜蛋白的插入及病毒出芽釋放導致細胞膜損傷；病毒複製會影響宿主細胞的正常生物合成；受到感染的細胞與周圍的細胞融合，會形成多核巨細胞；表達於細胞表面的病毒糖蛋白能被特異性 CTL 及抗體識別並加以破壞；病毒誘導自身免疫使得 T 細胞損害或有功能的障礙；HIV 對 CD4 ⁺ 細胞的訊號啟動導致細胞凋亡；另外，HIV 為超抗原大量啟動 CD4 加上 T 細胞，亦是細胞死亡和免疫缺損的重要原因。
2. 免疫性：抗體有相當程度的保護功能，能降低血清中病毒抗原量，但是並不能清除病毒；特異性的細胞免疫也會發揮相當程度的功能。

HIV 所導致的免疫損害

HIV 選擇性的侵犯 CD4 + 的細胞，主要是 TH，結果造成以 TH 細胞缺損為主軸的嚴重免疫缺陷	患者的主要表現為： 1. 外圍的淋巴細胞會減少：CD4/CD8T 細胞的比例倒置 2. 細胞免疫缺陷：遲發型變態反應會下降，對有絲分裂原和某些抗原的反應低落，NK 及 T 細胞的細胞毒活性會減弱 3. B 細胞多重複製活化：病程為早期，免疫球蛋白水準往往升高，但是隨著病程的進展，B 細胞功能也會受到影響
HIV 侵犯其他細胞	1. HIV 侵犯其他細胞為單核巨噬細胞、樹突細胞神經元細胞、B 細胞等 2. 其中單核巨噬細胞是儲存和運送 HIV 的主要細胞

9-5 人類免疫缺陷病毒：微生物學的檢查與防治的原則

（一）微生物學的檢查

檢測 HIV 感染者體液中病毒抗原和抗體，其中抗體檢測更為常用。但是 HIV p24 抗原和病毒基因的測定，在 HIV 感染檢測中的地位和重要性也日益受到重視。

1. 檢測抗體：是目前最常用的方法。主要有酶聯免疫吸附實驗（ELISA）和免疫螢光實驗（IFA）方法。由於 HIV 抗原與其他逆轉錄病毒有交叉的反應，故有相當程度的假陽性反應。這類實驗適合於 HIV 抗體的初期篩選，陽性反應者必須做免疫印跡實驗（Western Blot, WB 實驗）以進一步確診。

2. 檢測抗原或核酸：常用 ELISA 來檢測血漿中 HIV 的核心蛋白 p24 抗原，作為 HIV 感染的初步診斷。RT-PCR 法檢測 HIV RNA 的水準，不僅會用於診斷，也會預測疾病的進展和抗病毒藥物治療的效果。

3. 病毒的分離：最敏感的分離技術是共同培養法，即病人單核細胞與未感染的外圍血液單核細胞作混合培養。在培養 7 ～ 14 天之後，會檢測培養液之中的逆轉錄酶活性或 p24 抗原。細胞融合為特徵性細胞病變。

（二）防治的原則

由於愛滋病驚人的蔓延速度和高度的致死率，綜合預防 HIV 感染措施已經引起世界衛生組織和許多國家的重視，主要包括：

1. 廣泛地開展宣導教育，普及防治的知識，認識本病症的傳染來源、傳播方式及其危害性。

2. 建立 HIV 感染的監測系統，掌握流行的動態。對高危險族群實行監測，嚴格管理愛滋病病人及 HIV 感染者。

3. 對捐血、捐器官、捐獻精子者必須做 HIV 抗體的檢測，以確保輸血和血液製品的安全性。

4. 提倡安全的性行為。

加強國境的檢疫工作，防止本病症的傳入。迄今尚缺乏理想的疫苗。減毒活疫苗和失活全病毒疫苗，由於難以保證疫苗的安全，不宜在人體中使用。目前篩選基因工程方法所研製的疫苗正在研製之中。最大的問題是 HIV 包膜蛋白具有高度的易變性，不同毒株的 HIVgp120 有明顯的差異，使得疫苗的使用受到了限制。目前對愛滋病的治療，大多採用多種藥物的綜合性治療，以防止耐藥的發生。常用的有蛋白酶抑制劑英迪納瓦（indinavir）加核苷類逆轉錄酶抑制劑拉米夫錠（lamivudine, 3TC）和疊氮去氧胸苷（AZT）所組成的三聯療法。或者由非核苷類逆轉錄酶抑制劑 Nevirapine 加核苷類逆轉錄酶抑制劑 AZT 和雙去氧肌苷（ddI）組成的三聯療法等。由於能夠干擾病毒 DNA 合成，從而抑制 HIV 在體內增殖，緩解症狀，延長病人的生存期。中藥方製劑治療愛滋病人也會緩解症狀，正在研究和歸納之中。

小博士 解說 預後

自感染至症狀出現經過的時間不斷地延長，這可能與診斷技術提高，患者發現越來越早有關。報導的無症狀生存期越來越長，最初估計成人的潛伏期大約為 8～10 年，倫敦皇家醫院報導一項大規模的調查結果，無症生存可以高達 20 年至 25 年之久。AIDS 患者存活時間在逐漸延長，不同地區調查的不完全相同，存活時間的長短與衛生保健水準、感染時間、最初診斷疾病有關，最重要的是早期診斷能延長病人存活時間。樹立戰勝疾病的信心，保持樂觀的人生觀，對於延長存活時間也發揮了重要的功能。

微生物學檢查：抗體檢測

1. 酶聯免疫吸附實驗（ELISA）
2. 放射免疫實驗（RIA） ➡ 為篩選實驗
3. 免疫螢光實驗（IFA）

免疫印跡實驗 ➡ 為確認的實驗

微生物學檢查：檢測病毒或病毒的成分

病毒分離	1. 共同培養法，使用正常人外圍血液分離單一核細胞，加上 PHA 刺激並培養之後，加入病人標本。在培養 2 ～ 4 週之後，在細胞病變（多核巨細胞）出現之後，檢測 Ag 或 RE，來確定 HIV 的存在 2. 分離 V：測量逆轉錄酶，測量 V 抗原，測量 V 核酸
HIV 抗原檢測	以 ELISA 來檢測 P24
核酸檢測	以 RT-PCR 法來檢測 HIV 基因，具有快速、高效能、敏感（每毫升）做 20～50 個拷貝）和特異等優點，目前該方法已被使用於 HIV 感染早期診斷及愛滋病的研究之中

國內愛滋病病例的診斷標準

HIV 感染者	受檢血清初步篩選實驗陽性反應，確認實驗，例如蛋白印跡法陽性反應
確診的病例	1. 愛滋病病毒抗體陽性反應，又具有下述任何一項者，可以確診為愛滋病病人 　(1) 近期內（3-6 個月）體重減輕 10％以上，且持續發燒高達 38℃，1 個月以上 　(2) 近期內（3-6 個月）體重減輕 10％以上，且持續腹瀉（每天達到 3-5 次）1 個月以上 　(3) 卡氏肺囊蟲性肺炎（PCP） 　(4) 卡波濟肉瘤（Kaposi） 　(5) 明顯的黴菌或其他條件致病細菌的感染 2. 若 HIV 抗體陽性反應者體重減輕、發燒、腹瀉症狀接近上述第 1 項標準而且具有下列任何一項時，可以確診為愛滋病病人 　(1) CD4 ／ CD8 淋巴細胞數目的比值小於 1，CD4 細胞的數目下降 　(2) 全身淋巴結腫大 　(3) 明顯的中樞神經系統占位性病變的症狀和徵象、出現癡呆症，辨別能力喪失、或運動神經功能障礙

✚ 知識補充站

1. 疫苗的研製：特異性預防，迄今尚缺乏理想的疫苗；考量到安全性問題，愛滋病毒減毒活疫苗及滅活疫苗均不宜在人體之中使用；候選標靶抗原主要集中在包膜糖蛋白 gp160，gp120 及 gp41 的上面；最大的問題是包膜蛋白高度易變性，不同毒株 HIVgp120 有明顯的差別，使得疫苗的使用受到了限制。
2. 雞尾酒療法（HAART）：合併交替使用 2 種 HIV 逆轉酶抑制劑和一種蛋白抑制劑，並無法清除整合的病毒，也不能清除病毒，藥物有副作用，需要長期地用藥。

9-6 人類嗜 T 細胞病毒

人類嗜 T 細胞病毒（Human T lymphotropic viruses, HTLV）屬於 RNA 腫瘤病毒子科，是一種引起人類 T 細胞白血病及淋巴瘤的逆轉錄病毒，又稱爲人類 T 細胞白血病病毒。有 HTLV-Ⅰ和 HTLV-Ⅱ兩個子型，兩型基因組間的同源性大約爲 50%。

HTLV-Ⅰ和 HTLV-Ⅱ在內視鏡下呈現球形，直徑大約爲 100nm，有包膜。病毒核心含有兩條相同的單正鏈 RNA，基因組由 9032bp 所組成。結構與 HIV 相類似，兩端均爲 LTR，從 5' 至 3' 端依次排列有三個結構基因 Gag、Pol 和 Env 及兩個調節基因 Tax 和 Rex。其編碼的主要抗原有：核心抗原，爲組特異性抗原，構成病毒的衣殼；包膜抗原，具型或子組特異性，糖蛋白 gp46 是病毒包膜表面的主要抗原，產生的抗體具有中和病毒的功能；RT 抗原（reverse transcriptase antigen, RT antigen），主要形成蛋白酶、逆轉錄酶和整合酶，其中逆轉錄酶與基因組 RNA 結合，共同構成病毒的核心。

HTLV-Ⅰ主要透過輸血、共用注射器或性接觸等方式來傳播，亦會經由胎盤、產道或哺乳等途徑來傳播。HTLV-Ⅰ除了引起成人 T 細胞白血病之外，還會引起熱帶下肢痙攣性癱瘓和 B 細胞淋巴瘤。HTLV-Ⅱ則引起毛細胞白血病和慢性 CD4$^+$ T 細胞淋巴瘤。

HTLV 透過其包膜表面的糖蛋白與宿主細胞表面的 CD4 受體結合，侵入 CD4$^+$ T 淋巴細胞之後，其基因組經逆轉錄並整合於細胞 DNA 中，導致細胞發生轉化而導致病變。目前認爲，HTLV 致瘤機制爲其 Tax 基因產物的反式啓動功能，Tax 會啓動細胞 IL-2 基因與 IL-2 受體基因的異常表達，使 CD4$^+$ T 淋巴細胞大量增殖，這些細胞的過度增殖形成腫瘤；此外，病毒基因組長期整合於宿主染色體上，經長達數年或數十年的長期潛伏或緩慢複製，導致染色體畸變或細胞癌基因的啓動，最終形成白血病細胞。

HTLV 感染常爲無症狀感染，大約有 1/20 的感染者發生急性或慢性成人 T 細胞白血病，主要表現爲白血球升高、全身淋巴結和肝脾的腫大、皮膚損傷等症狀。由 HTLV-Ⅰ所引起的成人 T 細胞白血病主要在日本西南部、加勒比海地區、南美洲東北部和非洲的一些地區呈現地方性的流行。身體在感染 HTLV 之後會出現特異性體液和細胞免疫。病毒分離和抗體檢測方法與 HIV 檢查法相類似。目前尚無有效的抗 HTLV 疫苗，使用 AZT、IFN-a 等藥物治療有相當程度的效果。

微生物學檢查方法

| 抗體的檢測 | ➡ | ELISA 初步篩選，Western-blot 檢測確定 |
| 病毒的檢測 | ➡ | PCR 技術檢測，以前病毒 DNA 最為敏感 |

人類嗜 T 細胞病毒的生物學性狀

結構	核心（RNA 基因組、反轉錄酶、Gag 蛋白），20 面體衣殼，包膜與糖蛋白刺突
基因的組成	兩條相同的單正鏈 RNA，gag：編碼前體蛋白；pol：編碼反轉錄酶；env：編碼糖基化蛋白；tax：編碼反式啟動蛋白；rex：編碼的蛋白，與細胞表達密切相關

致病性和免疫性

傳播的途徑	1. 水平傳播：性接觸，輸血，注射 2. 垂直傳播：胎盤，產道和母乳
所導致的疾病	1. HTLV-1 所引起：成人 T 細胞白血病（ATL），B 細胞淋巴瘤，有明顯的地域性 2. HTLV-2 所引起：毛細胞白血病，慢性的 CD4 細胞淋巴瘤
HTLV 感染的特點	並無症狀的感染，長期潛伏，大約 1/20 的感染者會出現臨床表現
免疫的特點	隨著抗體的升高，病毒抗原表達會減少，而影響細胞免疫清除感染細胞
成人 T 細胞白血病的類型	急性型，慢性型，隱匿型和淋巴瘤型

+ 知識補充站

人類嗜 T 細胞病毒 I 型，II 型

屬於 RNA 腫瘤病毒子科；HTLV- I 型為 T 淋巴細胞白血病，熱帶下肢痙攣性癱瘓，B 細胞淋巴瘤；HTLV- II 為毛細胞白血病，慢性的 CD4 加上細胞淋巴瘤。

9-7　愛滋病病毒：愛滋病的特點

　　在 1980 年，世界衛生組織宣布：人類已經消滅天花。人們為之歡欣鼓舞，相信透過疫苗接種可以消滅和控制所有的病毒感染性疾病！在 1981 年，美國 Gottlieb 醫生收治 4 例卡氏肺孢菌肺炎、廣泛的黏膜白假絲酵母菌病、擴散性巨細胞病毒感染的病人，均為年輕的男性同性戀，其外圍的血液幾乎查不到 CD4 細胞。

　　病史並不支持有先天性免疫功能缺陷，因此，該病命名為獲得性免疫缺陷症候群（acquired immune-deficiency syndrome, AIDS），即為愛滋病。

　　1983 年，法國 Montagnier 等人首次從一位慢性淋巴結腫大的男性同性戀患者分離到一株新的逆轉錄病毒，稱為淋巴結腫大相關病毒。 1986 年，統一命名為人類免疫缺陷病毒（human immune-deficiency virus, HIV）。

　　目前，HIV/AIDS 流行正以每天 1.6 萬人的速度迅速發展，每天死亡 8,000 人。全球已有 199 個國家和地區報告發現 AIDS 或 HIV 感染者。至 2003 年 7 月，全球 HIV 的感染者已經高達 7,000 多萬（包括愛滋病的病人），AIDS 死亡人數高達 2,000 多萬。愛滋病首先會衝擊青年族群，進而會波及到婦女與兒童。經濟的生產力將會被嚴重地破壞，甚至可能會造成社會的不安定。

　　根據細胞免疫缺陷程度和臨床表現的不同，一般將 HIV 感染分為急性感染期、無症狀病毒攜帶期或潛伏期、愛滋病期。

1. 急性感染期：新近感染者之中大約有 90% 並無臨床的症狀，往往是在檢測血清抗 -HIV 抗體時發現。少數有發燒、盜汗、全身乏力、咽痛等上呼吸道症狀，以及頸、腋和枕部淋巴結腫大，類似於傳染性單核細胞增多症。一般在 1 ～ 3 週會自愈。

2. 無症狀病毒攜帶期：絕大多數的病人在急性感染之後經歷並無症狀病毒攜帶期，血清抗體持續性地呈現強度陽性反應。成人平均為 1 ～ 8 年，嬰幼兒為 1 年左右。

3. 愛滋病期：具有三個基本的特徵：

    (1) 嚴重的細胞免疫缺陷，尤其是 CD4$^+$T 細胞嚴重缺損。

    (2) 發生各種致死性機會性感染。

    (3) 發生各種惡性腫瘤。

HIV 感染和致病

HIV 病毒在細胞內會大量地繁殖	包膜糖蛋白在插入細胞膜或病毒出芽釋放時，會導致細胞膜通透性的增加，細胞會被破壞而死亡
HIV 在增殖時	會產生大量未整合的病毒 cDNA 和無功能的病毒 mRNA，干擾細胞的正常代謝功能而使得細胞死亡
受到感染的 CD4$^+$T 細胞膜上的 HIV 包膜糖蛋白與未受到感染的細胞表面 CD4 分子結合，與介導細胞融合	會形成多核巨細胞，這些細胞的正常分裂活動可能會停止而死亡
受到感染的細胞膜上所表達的 HIV 包膜糖蛋白抗原，或暴露的自身抗原，會被特異性細胞毒 T 細胞所識別，或在與特異性抗體結合之後，透過 ADCC 的運作而破壞細胞	AIDS 患者的臨床表現為長期發燒、全身乏力、食慾缺乏、不可抗拒的體重下降、並伴隨著慢性腹瀉、呼吸短促、舌上出現白斑（口腔假絲酵母菌病和毛狀白斑）和淋巴腺腫

AIDS 患者常見的併發症及其主要的病原體

間質性肺炎	卡氏肺孢菌、EB 病毒、巨細胞病毒
腸炎	隱孢子菌
念珠菌性食管炎	白假絲酵母菌、EB 病毒
腦膜炎	新生隱球菌、鼠弓形體
皰疹	單純皰疹病毒、水痘
全身性感染	結核分枝桿菌、鳥 - 胞內分枝桿菌
桿狀血管瘤	巨細胞病毒、巴爾通體
Kaposi 肉瘤	人類皰疹病毒 8 型、巨細胞病毒
皮膚癌	人類乳頭瘤病毒

＋ 知識補充站

愛滋病的特點

在 AIDS 的最晚期，大約有 1/2 的病人會出現不同程度的神經異常，其中包括 HIV 腦病、脊髓病變、周圍神經炎之類嚴重的 AIDS 癡呆症候群。

9-8 愛滋病病毒：愛滋病的治療（一）

1. HIV 感染的治療主要包括
   (1) 殺滅 HIV，阻止其複製與轉錄；(2) 宿主免疫重建；(3) 治療機會性感染和惡性腫瘤。
2. 影響未經治療患者預後的因素
   (1) 病毒的載量：任何階段的病毒層級都與病情的發展有關。當每 ml 血漿中 HIV RNA 拷貝數大於三萬個時，則 70% 的患者在 6 年內會死亡。而 HIV RNA 的拷貝數小於 500 個時，則 6 年內死去的人數所占的比例不到 1%。
   (2) CD4$^+$T 細胞層級：當每 ml 血漿之中的 HIV RNA 拷貝數大於三萬個時，則血液中 CD4$^+$T 細胞若大於 500/mm³，則 4 年內大約 50% 的患者會死亡。若 CD4$^+$T 細胞小於 200/mm³ 時，則 90% 的患者將會在 4 年內死亡。
3. 抗病毒是治療愛滋病的關鍵：宜在病人免疫系統尚未引起不可逆損傷之前開始治療，使病毒載量在盡可能長的時間之內處於較低的水準，或使每微升血液中 CD4$^+$T 細胞維持較高的水準，對延長生命相當重要。
4. 形態與結構
   (1) 包膜：嵌有病毒特異糖蛋白 gp120（構成刺突），gp41（跨膜蛋白）。
   (2) 核衣殼：20 面體對稱，由結構蛋白所組成。
   (3) 核心：RNA、逆轉錄酶、整合酶、蛋白酶。
5. 基因組結構與功能：HIV 基因組由兩 2 條相同的正鏈 RNA 所組成。基因組全長為 9.3kb，含有 3 個結構基因（gag、pol、env）、3 個調節基因（tat、rev、nef）和輔助性基因（vif、vpu/vpx、vpr 等）。
   (1) pol 基因：編碼逆轉錄酶、蛋白水解酶和整合酶，為病毒複製所必需。
   (2) gag 基因：編碼病毒的核心蛋白，在轉譯時先合成一個 55kDa 的蛋白前體（p55），然後被 pol 基因編碼的蛋白水解酶裂解成 HIV 的核內膜或基質蛋白、衣殼蛋白和 p15。p15 再裂解為核蛋白 p9 和 p7。
   (3) env 基因：首先編碼出一個 88kDa 的蛋白前體，經糖基化後分子量增加至 160kDa，形成 HIV 包膜糖蛋白前體 gp160。gp160 在蛋白水解酶的作用之下被切割為 gp120 和 gp41 兩種包膜糖蛋白。

小博士解說

1. 生物的性狀：為了最大程度地使用有限基因，HIV-1 基因編碼區有很多的重疊之處。
2. HIV 輔助性受體的發現為治療 AIDS 開闢了新途徑：相關的研究發現，如果 CCR5 基因發生缺失突變，則不能編碼正常的 CCR5，HIV 就不能侵入巨噬細胞、樹突狀細胞中，即攜帶 CCR5 缺失突變基因的人對 HIV 具有天然的抵抗力。

愛滋病的治療

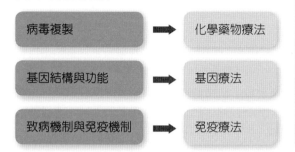

病毒複製 ➡ 化學藥物療法

基因結構與功能 ➡ 基因療法

致病機制與免疫機制 ➡ 免疫療法

HIV 輔助性受體的發現為治療 AIDS 開闢了新途徑

利用天然的趨化因子拮抗劑、一些低分子化合物或多肽、單複製抗體封閉輔助受體CXCR4 或 CCR5	從而阻斷 HIVgp120/p41 與標靶細胞膜上輔助受體的互動，阻止 HIV 的感染和 AIDS 的進展
運用 ex vivo 法	在體外將造血幹細胞中的 CCR5 基因突變為 △ 32 等位基因，再回輸給 HIV 感染者，使患者 T 細胞不能產生正常的 CCR5
阻止輔助性受體的表達	1. 將趨化因子編碼基因修飾之後，導入人 T 淋巴細胞中表達，在細胞內質網中與新合成的 HIV 輔助受體結合，使輔助受體滯留在細胞的內質網中，不能被運輸和呈現在細胞表面 2. CD4 細胞表面缺少輔助受體，故不會被 HIV 侵入 3. 亦可以採用細胞內抗體與標靶分子受體結合，阻止輔助受體在細胞外的表達和功能的發揮
利用 CCR5 特異的核酶在體內降解 CCR5 mRNA	1. 核酶（ribozyme）是一種具有雙重特性的 RNA 分子，一是能識別特異的標靶 RNA 序列並與之結合 2. 二是具有酶活性，能透過特異性位點切割降解標靶 RNA 序列 3. 在體外設計 CCR5 特異的核酶的編碼基因，以逆轉錄病毒等載體導入到標靶細胞中來做表達，再透過核酶切割標靶 RNA 分子，從而阻斷病毒 CCR5 編碼基因的表達
利用 CCR5 做導向蛋白，將自殺基因導入表達 gp120/gp41 的細胞中，殺死受 HIV 感染的細胞	1. 其基本的策略是，將自殺基因導入細胞之中，當沒有 HIV 感染時，則自殺基因並不表達，對正常細胞並無損害的功能 2. 一旦受到 HIV 的攻擊，病毒複製表達過程中的早期蛋白成分為自殺基因的表達提供反式啟動劑，從而阻斷 HIV 複製與表達、裝配與成熟或在細胞之間的擴散

9-9 愛滋病病毒：愛滋病的治療（二）

6. 自殺基因有編碼白喉毒素基因
   (1) 白喉毒素由 A、B 兩條肽鏈組成，A 鏈是毒素的毒性部位，可以抑制細胞蛋白質的合成；B 鏈是毒素的結合部位，與細胞表面特異性受體結合。
   (2) 免疫毒素（生物導彈）：是由選擇特定標靶細胞的定位部分（導向載體）和殺傷標靶細胞的治療部分（彈頭）建構而成。利用 CCR5 做導向蛋白，將白喉毒素 A 鏈編碼基因導入 CD4$^+$ T 細胞，使 A 鏈基因的表達依賴於 gp120/gp41 的功能。

7. 脫殼：在酶的運作下脫殼，釋放出 HIV 的核心內容物。

8. 逆轉錄：HIV RNA 的 DNA 拷貝與宿主細胞染色體會整合形成前病毒 DNA（+）RNA 產生 cDNA（-）再產生 RNA（DNA 雜交體），再生成 dsDNA+ 兩末端 LTR，最後整合至宿主細胞染色體。

9. 生物的合成：前病毒活化、轉錄，DNA 會生成 RNA，再拼接成 mRNA，再生成病毒蛋白（結構和非結構蛋白），DNA 再生成 RNA，最後加帽加尾成子代 RNA。

10. 裝配與釋放：RNA 加上結構蛋白會生成核衣殼，再生成套上包膜，最後會出芽釋放，如果不受到抑制，則 HIV 在一個受到感染的個體之內每天大約可以複製產生 1010 個新病毒顆粒，而導致數百萬的 CD4 T 細胞被破壞。在病毒的複製過程中，逆轉錄酶、整合酶和蛋白水解酶會發揮關鍵性的功能，因此，可以作為篩選抗 HIV 藥物的重要標靶位。

11. 逆轉錄酶抑制劑：阻止形成前病毒 cDNA。

12. 核苷類抑制劑：齊多夫錠（DVD，原名為 AZT）、ddI、ddC、d4T、3TC。

13. 非核苷類逆轉錄酶抑制劑：NVP、DLV、LOV：齊多夫定是最早用於臨床和目前最常用的藥物。ZDV 在體內形成三磷酸化鹽，能夠競爭性地抑制 HIV 逆轉錄酶，阻止 DNA 鏈的延伸。整合酶是理想的設計、篩選抗 AIDS 藥物的標靶分子，因為整合酶是逆轉錄病毒基因表達和複製所必需的酶，在分子特性上宿主細胞內不存在該酶的類似成分。

14. 蛋白酶抑制劑：抑制蛋白水解酶，阻止病毒 Gag、Env 多聚蛋白前體裂解，使得病毒難以完成裝配，病毒複製會終止。

小博士 解說

1. 將誘生保護性抗體的抗原編碼基因導入人體細胞並做高效能的表達。將針對病毒某些組分的特異性抗體基因轉染標靶細胞之後，在細胞內表達的抗體可以失活 HIV 標靶蛋白的活性，從而抑制病毒的增殖。這類抗體稱為細胞內抗體。

2. 高效能抗逆轉錄病毒療法的缺點：耐藥性的問題，藥物的過敏及毒的副作用，單純的抗病毒療法不可能治癒愛滋病，治療的費用相當昂貴。

逆轉錄的流程

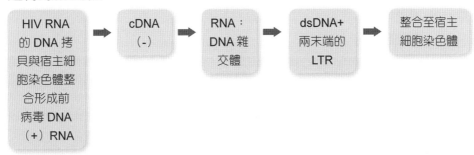

HIV RNA 的 DNA 拷貝與宿主細胞染色體整合形成前病毒 DNA（+）RNA → cDNA（-）→ RNA：DNA 雜交體 → dsDNA+兩末端的 LTR → 整合至宿主細胞染色體

生物的合成流程

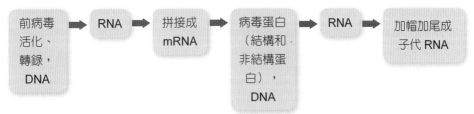

前病毒活化、轉錄，DNA → RNA → 拼接成 mRNA → 病毒蛋白（結構和非結構蛋白），DNA → RNA → 加帽加尾成子代 RNA

基因療法

轉移「自殺」基因	該基因只能在 HIV 感染細胞表達，從而破壞病毒的感染細胞
將干擾病毒複製週期不同階段的基因轉移入 HIV 易感細胞之中，減少病毒的複製	例如透過反義 RNA、核酶、RNA 引誘劑等來滅活或干擾調節基因 tat 和 rev，以阻止受感染的細胞製造關鍵的病毒蛋白，從而遏制病毒的複製和 CD4$^+$ T 細胞的耗損
增強感染細胞的免疫原性或異源表達病毒抗原	透過宿主免疫系統來消除標靶細胞

治療的時機和選擇藥物的原則

大多數的人支持「越早、越狠和越好」（early and hard）的觀點	即凡是 HIV RNA 大於 5000～10000 個拷貝/ml 血漿，均會推薦要立即做治療
很晚期的病人或 CD4 小於 50/mm^3	因為持續抗病毒治療產生明顯的毒性和有生存品質問題時，也許需要停止抗病毒治療

＋ 知識補充站

目前公認的最有效抗 HIV 療法是何大一教授首創「雞尾酒療法」，現在稱為「高效抗逆轉錄病毒療法」，即三種藥物合併使用，其中包括 2 種逆病毒轉錄酶抑制劑和 1 種蛋白酶抑制劑。在經過治療之後，病人血漿中的 HIV RNA 拷貝數會顯著地下降，甚至達到檢測不到的程度，病人的 CD4 細胞數量會上升，並會延緩耐藥株的出現。

9-10 愛滋病病毒：愛滋病的預防

（一）傳播的途徑

1. 性行為：全球 80%HIV 感染者經由異性傳播，在非洲高達 90%。同性傳播在一些美洲、歐洲和澳洲占有很高的比例。經由性的途徑來傳播將可能成為國內愛滋病傳播的主要方式。
2. 經由血液或血製品，器官移殖，人工受精等：國內某些地區在吸毒者中出現愛滋病的爆發流行，感染率高達 60% 以上。目前，愛滋病感染在吸毒族群之中仍以驚人的速度在擴散。
3. 母嬰傳播：不經過治療干預的母嬰垂直傳播在歐洲大約為 15%，在非洲大約為 45%，美國大約為 20 ～ 30%。

　　一般的社交接觸，包括握手、共同進餐、禮節性接吻、游泳，以及昆蟲叮咬是不會傳染 HIV 的。因此，對 HIV 既不能掉以輕心，也不必抱有恐懼心理。

（二）國內愛滋病流行的特點

1. 吸毒（靜脈注射）所引起的遠高於性傳播者，相差約 10 倍。
2. 性病發病率較高與愛滋病發病率較低。
3. 婦女在愛滋病流行中未發揮關鍵性的功能，使得母嬰傳播率極低。

　　目前的預防對象仍以男性吸毒者為主，但要密切保護婦女，避免使其成為在流行中的關鍵性的功能。全球流行趨勢已由西方國家的同性戀族群移向非洲和亞洲發展中國家的貧困人口和最得不到人權尊重的族群。HIV 感染者已從吸毒者等高危險族群延伸到社會各個階層，從事各種職業。愛滋病是一個嚴重威脅人類的全球性問題，所有國家的政府和民眾都都必須緊急地行動起來，加強人權保護，防止 HIV 的感染，給感染者良好的照顧，減少發病和死亡。WHO 將每年的 12 月 1 日定為世界愛滋病日，2003年提出的主題是「相互關愛，共享生命」。

（三）一般性的預防措施

　　加強宣導教育，普及預防知識。建立 HIV 的監測系統，掌握 AIDS 的流行動態。

　　鑑於吸毒和賣淫嫖妓的現象很難從根本上加以消滅，因此，應最大程度地在民眾，特別是仍然在賣淫的婦女之中普及預防性病和愛滋病的知識與技能，提供性病療治的服務。改變一切不良的性行為。保持忠誠的性夥伴關係。提倡在性接觸時，要使用保險套。身體一旦經過感染 HIV，便終身會攜帶病毒。因為 HIV 能夠逃避宿主免疫系統的防禦功能，而引起潛伏或慢性持續性感染。

小博士解說

　　較為理想的病毒載體有金絲雀痘病毒、腺病毒、桿病毒等。金絲雀痘病毒為鳥類病毒，在人體細胞中並沒有完整的複製週期，並不能組裝成新的病毒顆粒，但是可以啟動蛋白質的合成，誘發包括 CTL 在內的免疫回應。腺病毒具有產生黏膜免疫的能力，這對防止 HIV 的感染非常重要，但是誘導的抗體層級較低。

HIV 可能的機制

HIV 會直接損傷 CD4⁺ T 細胞	而影響 CTL 活性的啟動
病毒基因組與細胞染色體的整合	長期處於潛伏狀態，細胞不表達或僅表達少量病毒結構蛋白而形成「無抗原」的狀態，而不被免疫系統所識別
病毒包膜糖蛋白基因的高度變異性導致不斷地出現新抗原	使得原有的中和抗體失去功能
受到感染的單核吞噬細胞是病毒長期的儲存細胞	使得身體免疫系統處於一種相對無能的狀態

傳播的方式

血液傳播	1. 對於吸毒所引起的愛滋病問題，一方面要嚴厲打擊販毒和開展預防吸毒宣傳，另一方面要對吸毒成癮者提供清潔的注射器和美沙酮替代來維持 2. 推廣一次性注射器和針頭，嚴禁非法地採血，對捐血者做嚴格的篩選，HIV 抗體陽性反應者不可以作為捐血者，也不得提供精液 / 卵子、器官
垂直傳播	1. 要求 HIV 感染者不要妊娠。已妊娠者應終止妊娠或接受抗病毒治療 2. 對感染者生下的嬰兒，則不應以母乳來餵養，以防止哺乳期的感染

愛滋病的預防

疫苗的研製	1. 預防性疫苗使用於 HIV 陰性反應者，其目的是保護身體免受 HIV 的感染 2. 治療性疫苗是用於 HIV 感染者的疫苗，目的是阻斷或延緩 HIV 感染發展成 AIDS 的速率，減少感染者體內的病毒載量，減少傳染他人的機會，或阻斷母嬰的傳播，延緩孕婦或產婦由 HIV 感染發展成 AIDS 的行程
疫苗的種類	目前已研製出多種 HIV 疫苗，包括施活疫苗、減毒活疫苗、活載體疫苗、子單位或基因重組疫苗、核酸疫苗和病毒狀顆粒疫苗
活載體疫苗	將 HIV 抗原（例如 gp120）基因插入一種不致病的病毒載體（或卡介苗）中，藉助於重組病毒在宿主細胞之中來表達 HIV 蛋白，從而誘發體液免疫和細胞免疫回應

NOTE

第 10 章
其他的病毒

1. 掌握狂犬病毒、HPV 的致病性與免疫性

2. 瞭解狂犬病毒、HPV 的生物學性狀，微生物學的檢查方法，防治的原則

3. 熟悉感染性蛋白體的主要生物學性狀，致病性與免疫性

4. 瞭解感染性蛋白體的診斷和防治

5. 掌握感染性蛋白體的基本概念

6. 瞭解狂犬病毒的致病特點

10-1 狂犬病病毒：生物學的性狀與培養的特性

　　狂犬病病毒（Rabies virus）屬於彈狀病毒科，是一種嗜神經病毒，而引起人和動物的狂犬病。該病症屬於人畜共患性傳染病，在世界很多地區皆相當流行。近年來，由於國人熱衷於豢養犬類，因此狂犬病死亡的人數會明顯地上升，該病症已經成為一種對人類健康危害較大的致死性傳染病。

（一）生物學的性狀

　　狂犬病病毒外形類似於子彈狀，大小為 50 ～ 90×100 ～ 300nm（75 ～ 180nm）。病毒核心為單股負鏈 RNA，長大約為 12kb，分別編碼轉錄、核蛋白（nucleoprotein，N 蛋白）、轉錄相關蛋白和糖蛋白（glycoprotein，G 蛋白）。RNA 外包繞螺旋對稱的 N 蛋白等構成核衣殼，其外是脂質雙層包膜，包膜含有由 G 蛋白組成的刺突。G蛋白是病毒的重要抗原成分，會誘導身體產生特異性敵免疫效應。而且能識別宿主細胞表面的受體，與病毒侵入宿主細胞和病毒的毒力有關。狂犬病病毒對神經組織有較強的親嗜性，在人和易感動物的中樞神經細胞，若大腦海馬回錐體細胞中增殖時，會在胞質內形成嗜酸性的包涵體，將之稱為內基小體（Negri body），具有診斷的價值。狂犬病病毒僅有一個血清型，但是近年來發現，狂犬病病毒包膜 G 蛋白會發生變異而使毒力和抗原性等發生改變。狂犬病病毒會被紫外線、X 光、有機溶劑、表面活性劑、強酸、強鹼等失活，因此，對外界的抵抗力不強。對熱相當敏感，40°C，4 小時或 60°C，30 分鐘即會失活病毒，但是在 -70°C 或冷凍乾燥的條件下能夠存活數年。

（二）培養的特性

　　易於感染動物的範圍相當大，包括家畜（狗、貓）和野生動物（狼、狐狸、猴、蝙蝠等）。易感的細胞為中樞神經細胞，在胞質內會見到嗜酸性包涵體／內基氏小體（Negri body）。根據表面糖蛋白 G 可以分為 4 個血清型；抵抗力不強，100°C，2 分鐘會失活；在腦組織中室溫或 4°C 會持續 1 ～ 2 週；酸、鹼、脂溶劑、肥皂水、去垢劑等皆會失活。

小博士解說

　　狂犬病病毒之生物學性狀：彈狀病毒科（Rhabdoviridae），狂犬病病毒屬（Lyssavirus, Rabies virus）為子彈狀，核酸為 -ssRNA，衣殼呈現螺旋對型包膜，有大量的糖蛋白突起血凝素。

狂犬病病毒的潛伏期

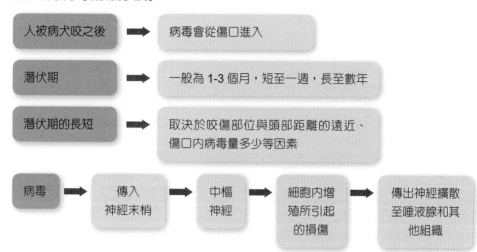

人被病犬咬之後	➡	病毒會從傷口進入
潛伏期	➡	一般為 1-3 個月，短至一週，長至數年
潛伏期的長短	➡	取決於咬傷部位與頭部距離的遠近、傷口內病毒量多少等因素

病毒 ➡ 傳入神經末梢 ➡ 中樞神經 ➡ 細胞內增殖所引起的損傷 ➡ 傳出神經擴散至唾液腺和其他組織

狂犬病病毒毒力的變異

| 野毒株（Wild strain） | 從自然感染的動物體內分離的病毒 |
| 固定的毒株（Fixed strain） | 對家兔的致病力較強。但是對人和犬的致病力大大地減弱。可以製成疫苗 |

流行病學

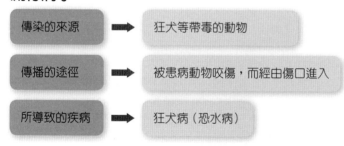

傳染的來源	➡	狂犬等帶毒的動物
傳播的途徑	➡	被患病動物咬傷，而經由傷口進入
所導致的疾病	➡	狂犬病（恐水病）

✛ 知識補充站

1. 內基氏小體：侵犯宿主中樞神經細胞（主要是大腦海馬回錐體細胞）中增殖，於細胞漿中會形成嗜酸性包涵體。
2. 狂犬病病毒：是狂犬病的病原體，在野生動物及家畜中傳播，人被病獸或帶毒動物咬傷而感染。

10-2 狂犬病病毒：致病性與免疫性及微生物學檢查

（一）致病性與免疫性

　　狂犬病毒的動物感染範圍較爲廣泛，會在家畜（例如犬、貓等）及野生動物（例如狼、狐狸等）中傳播。人罹患狂犬病大多係被狂犬或其他帶毒動物咬傷所導致，亦會因爲破損傷口接觸含有狂犬病病毒的材料而被感染。在動物發病之前 5 天，其唾液即含有病毒。當人被咬傷之後，病毒經由傷口侵入人體並在傷口局部的肌纖維細胞中增殖，增殖的病毒進入周圍神經並沿著傳入神經軸索上行至中樞神經系統。病毒在神經細胞內大量增殖，引起腦幹和小腦等中樞神經系統損傷，然後病毒又傳出神經擴散到唾液腺、淚腺、角膜、視網膜、舌部味蕾、毛囊、皮脂腺、嗅神經上皮細胞、心肌、骨骼肌、肝及肺等全身各處。狂犬病的潛伏期一般爲 1 ～ 3 個月，但是也有不到一週或長達 14 年之久的病例，潛伏期的長短與被狂犬咬傷部位與頭部的遠近及傷口內感染的病毒量相關。典型的臨床表現爲神經興奮性增高，對聲音、光線等刺激均會高度地敏感，恐水是其特有的症狀。患者吞咽或飲水時喉頭肌肉發生痙攣，甚至聞到水聲即會引起痙攣發作，故有恐水病（hydrophobia）之稱。這種興奮性典型症狀經過 3 ～ 5 天之後，會轉入麻痺狀態，病人會出現昏迷、呼吸和循環衰竭而死亡。病死率幾乎高達 100%。病毒的 N 蛋白和包膜 G 蛋白均會誘導產生中和抗體及細胞免疫。但是由於狂犬病病情進展迅速，患者的保護性免疫難以及時地發揮效應。

（二）微生物學檢查

　　人被狂犬咬傷是感染狂犬病病毒的主要途徑，一旦被犬咬傷，一般不宜將動物立即殺死，應將其捕獲隔離觀察。若 7 ～ 10 天仍然不發病，一般認爲該動物並非狂犬或其唾液中尚無狂犬病病毒。若觀察期間發病，則將動物處死，取其大腦海馬回部位組織，選用免疫螢光法來檢測病毒抗原及作組織切片來觀察內基小體。分離病毒所需要的時間較長、敏感性較低，對患者生前診斷會使用免疫螢光方法和免疫標技術檢測患者唾液及組織標本中的病毒抗原，也能透過 RT-PCR 來檢測病毒的 RNA。病毒特異性抗體僅在患者出現臨床症狀之後方能檢查出來，對臨床診斷的價值不大。

（三）治療

　　單獨而嚴密地隔離患者與避免一切的刺激。

狂犬病病毒防治的原則

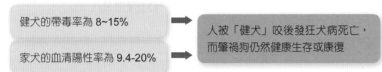

健犬的帶毒率為 8~15%

家犬的血清陽性率為 9.4-20%

人被「健犬」咬後發狂犬病死亡，而肇禍狗仍然健康生存或康復

致病性與免疫性

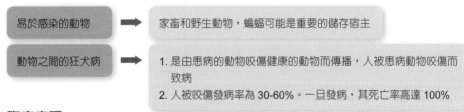

易於感染的動物

家畜和野生動物，蝙蝠可能是重要的儲存宿主

動物之間的狂犬病

1. 是由患病的動物咬傷健康的動物而傳播，人被患病動物咬傷而致病
2. 人被咬傷發病率為 30-60%。一旦發病，其死亡率高達 100%

臨床表現

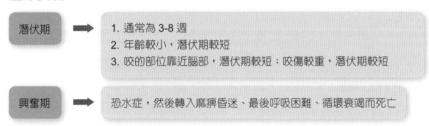

潛伏期

1. 通常為 3-8 週
2. 年齡較小，潛伏期較短
3. 咬的部位靠近腦部，潛伏期較短；咬傷較重，潛伏期較短

興奮期

恐水症，然後轉入麻痺昏迷、最後呼吸困難、循環衰竭而死亡

防治的原則

主要預防措施是對犬的管理，包括捕殺野犬、嚴管家犬、給家犬注射疫苗等。人被動物咬傷之後，應立即採取下列的措施：

傷口處理	立即使用 20% 的肥皂水、0.1% 新潔爾滅或清水反覆沖洗傷口，然後使用 70% 乙醇和碘酒來塗擦
被動性免疫	於傷口周圍浸潤注射高效價比的狂犬病病毒抗血清，也可以採取肌肉注射，以中和游離病毒，注射劑量為 40IU/kg
主動性免疫	1. 狂犬病的潛伏期較長，因此早期接種疫苗可預防發病 2. 使用地鼠腎原代細胞或二倍體細胞培養製備的狂犬病毒失活疫苗，分別於 1、3、7、14、28 天各肌注一次，則免疫效果較好，副作用較少 3. 抗血清與疫苗合併使用效果更佳。以痘病毒及腺病毒作載體所建構含有狂犬病病毒 G 蛋白的重組疫苗，目前正試用於志工和動物，其效果和安全性有待於進一步的研究

免疫性

病毒感染會誘導身體產生抗體，抗體可以中和游離病毒	疫苗接種對預防該病症相當有效
抗體對細胞內的病毒並無任何的功能	可能會因為病理免疫而加重疾病
狂犬病的療程較短	自然感染獲得的免疫力，在疾病的康復上難以發揮功能

10-3 人類乳頭瘤病毒：生物學的性狀

人類乳頭瘤病毒（human papillomavirus, HPV）屬於乳多空病毒科（papovaviridae）乳頭瘤病毒屬，是引起皮膚、黏膜尋常疣、扁平疣和尖銳濕疣（生殖器疣 / 性疣）的病原體，並與子宮頸癌的關係密切。

HPV 呈現球形，直徑大約爲 50～55nm，衣殼爲 20 面體對稱，無包膜。病毒的基因組爲雙鏈環狀 DNA，含有 3 個基因區，即早期區、晚期區和非轉錄區。早期區（early region，E 區）含有 7 個早期開放讀框，分別編碼 E1～E7 蛋白，與 HPV 複製、轉錄和細胞轉化相關；晚期區（late region，L 區）分別編碼病毒的主要衣殼蛋白 L1 和次要衣殼蛋白 L2，構成病毒的衣殼；非轉錄區也稱爲調控區，含有 HPV DNA 複製的起始點和基因表達所需要的調控元件。

HPV 的體外培養到目前爲止尚未成功，但是 HPV 的 L1 和 L2 蛋白會透過基因工程技術在體外眞核細胞中表達，並自我組裝形成病毒樣顆粒（virus like particles, VLPs）。由於 HPV VLP 並不含有病毒核酸，而且與天然病毒具有相類似的結構與形態，免疫原性與抗原性保持不變，已被用於 HPV 預防性疫苗的製備，目前已進入臨床III期的研究。

HPV 有 100 多個血清型別，其中 HPV6、11 等型別感染導致生殖道尖銳濕疣，被稱爲低危險型別；而 HPV16、18、33、58 等型別感染與子宮頸癌、口腔癌等的發生和發展密切相關，這種型別病毒的基因組會整合於宿主細胞基因組上，易於導致宿主細胞的轉化，從而誘發癌前病變及惡性腫瘤，稱爲高危險型別。

HPV 對皮膚和黏膜上皮細胞具有高親嗜性。病毒在細胞內的複製和增殖受細胞分化階段的影響。在基底層細胞病毒核酸很少，隨著基底層細胞向棘層和顆粒層分化，HPV 開始活躍增殖，在上皮最上層的角質層中表達病毒衣殼抗原。病毒的感染和複製會誘導上皮棘層細胞增生，伴隨著相當程度的表皮角質化，使得表皮變厚，顆粒層細胞常出現核內嗜鹼性包涵體。上皮增生形成的乳頭狀瘤即稱爲疣。

小博士解說

HPV 是一種小型的 DNA 病毒，含有 72 個殼微粒，沒有囊膜，完整的病毒顆粒在氯化銫中浮密度爲 1.34g/ml，在密度梯度離心時易與無 DNA 的空殼（密度 1.29g/ml）分開。

人類乳頭瘤病毒（human papillomavirus, HPV）

呈現球形 ➡ dsDNA，呈現 20 面體對稱，並無包膜

對皮膚和黏膜上皮細胞有高度親嗜性 ➡ 上皮增殖形成乳頭狀瘤，即「疣」

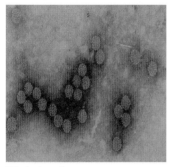 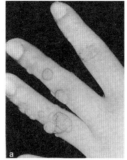 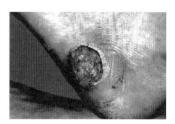

疣（Warts）

＋ 知識補充站

人類乳頭瘤病毒的生物性狀

　　HPV 基因組是一閉環雙股 DNA，分子量 5×10^6 道爾頓。依據功能可以分為早期區（E 區）、晚期區（L 區）和非編碼區（NCR）三個區域。E 區分為 E1 ～ E7 開放閱讀架構，主要編碼與病毒複製、轉錄、調控和細胞轉化有關的蛋白。L 區分 L1 和 L2，分別編碼主要衣殼蛋白和次要衣殼蛋白。NCR 是 E 區與 L 區間 -6.4 ～ 1.0bp 的 DNA 片段，可以負責轉錄和複製的調控。對 HPV 複製基因的 DNA 雜交試驗及　譜分析，以核　酸同源性少於 50% 定為新型別，至今已鑑定出 70 多型 HPV。每一型別都與體內特定感染部位和病變有關。HPV 各型之間有共同抗原，即屬於特異性抗原，存在於 L1 蛋白，它與牛乳頭瘤毒（BPV）有交叉反應。L2 蛋白為型特異性抗原，各型之間不發生交叉反應。HPV 在體外細胞培養尚未完成。它具有宿主和組織特異性，只能感染人的皮膚和黏膜，不能感染動物。HPV 感染後在細胞核內增殖，細胞核著色深，核周圍有一不著色的空暈，此種病變細胞稱為空泡細胞（Koilocytoticcell）。

10-4 人類乳頭瘤病毒：致病性與免疫性

（一）致病性與免疫性

HPV 的傳播途徑主要是透過與感染者病變部位直接接觸或間接接觸被病毒污染物品而感染。生殖器感染主要透過性接觸傳播，少數患者則會透過內褲、浴巾、浴盆等生活用品而感染。新生兒會在透過產道分娩時，被感染或出生之後與母親的密切接觸而感染。病毒感染局限於局部皮膚黏膜，並不會引起病毒血症。

不同型別 HPV 侵犯的部位和所致疾病不盡相同（如右表所示威）。HPV 感染性疾病的潛伏期通常為 3 個月，也有短至 1 個月或長達 6 個月以上者。皮膚疣一般為良性，有些會自行消退；HPV 高危險型別的致病機制相當複雜，主要與其腫瘤蛋白 E6、E7 的轉化功能有關，E6、E7 會與宿主細胞抑癌基因產物 P53 和 Rb 蛋白結合，從而使正常細胞向惡性轉化。HPV 感染之後會誘導身體產生特異性的免疫回應，細胞免疫是抗 HPV 感染的關鍵，臨床也觀察到 HPV 感染導致的皮膚疣有自行消退的現象，證實 HPV 感染之後身體所產生的特異性免疫具有清除病毒的功能。特異性抗體保護效果並不確實。

1. 致病性：病毒侵入人體之後，停留於感染部位的皮膚和黏膜之中，不產生病毒血症。臨床常見的有：尋常疣（主要為 1，2，4 型）稱刺瘊，會發生於任何部位，以手部最為常見。蹠疣（主要為 2，4 型）生長在胼胝下面，行走易於引起疼痛。扁平疣（主要為 3，10 型）好發於面部，手、臂、膝、為多發性。尖性濕疣（主要為 6，11 型），好發於溫暖潮濕部位，以生殖器濕疣發病率最高，傳染性較強，在性傳播疾病中有重要地位，且有惡性變的報導。研究資料證實 HPV 與子宮頸癌、喉癌、舌癌等發生有關。例如 HPV16，18，33 等型與子宮頸癌的發生關係密切，使用核酸雜交方法來檢出癌組織中 HPV DNA 陽性反應率 60% 以上。

2. 免疫性：有關 HPV 免疫反應研究較少。在感染病灶出現 1～2 個月內，血清內出現抗體，陽性反應率為 50～90%，病灶消退之後，抗體尚能維持數月到數年，但是並無保護的功能。用白血球移動抑制和淋巴細胞轉化等試驗檢測細胞免疫（CMI）的結果不一致，有人觀察到病灶消退時 CMI 增強。

（二）微生物學檢查

至今尚未有合適的方法來做體外培養 HPV，因此病毒的分離培養尚未開展。免疫組化可用於檢測病變組織的 HPV 抗原。使用核酸雜交技術、PCR 法、DNA 印跡法等可檢測病毒的 DNA。基因工程表達的 HPV 抗原和病毒狀顆粒將能應用於血清學檢測。

（三）防治的原則

HPV 疫苗是全球研究的焦點，由基因工程技術製備用於預防子宮頸癌的 HPV16、18 L1 VLPs 疫苗即將投入使用。預防 HPV 感染最好的方法，仍然是避免與感染組織的直接接觸。雖然良性的疣會自發性地消失，但是需要數月乃至數年的時間，故會採取雷射、冷凍、電灼或手術及 5% 5- 氟鳥嘧啶（5-FU）藥物等方法來做治療。由於不能根除周圍正常組織中的病毒，故常會再發。

人類乳頭瘤病毒的致病性

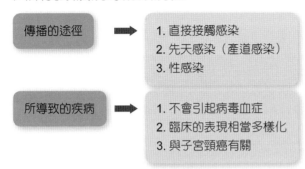

傳播的途徑 ➡
1. 直接接觸感染
2. 先天感染（產道感染）
3. 性感染

所導致的疾病 ➡
1. 不會引起病毒血症
2. 臨床的表現相當多樣化
3. 與子宮頸癌有關

HPV 的型別與相關的人類疾病

HPV 的型別	相關的疾病
1、4	蹠疣
1、2、4、27、29、54	尋常疣
3、10、28、41	扁平疣
7、40	屠夫尋常疣
5、8、9、12、14、15、19、25、36、46、47	疣狀表皮增生性異常
1、2、6、11	尖銳濕疣，喉乳頭瘤，口腔乳頭瘤
16、18、31、33、35、39、45、51、52、56、58	子宮頸上皮內瘤、子宮頸癌，陰莖癌

✚ 知識補充站

防治的原則

1. HPV 疫苗是全球研究的焦點，由基因工程技術製備，用於預防子宮頸癌的 HPV16、18 L1 VLPs 疫苗即將投入使用。預防 HPV 感染最好的方法，仍然是避免與感染組織的直接接觸。雖然良性的疣會自發性地消失，但是需要數月乃至數年的時間，故會採取雷射、冷凍、電灼或手術及 5% 5- 氟鳥嘧啶（5-FU）藥物等方法來做治療。由於不能根除周圍正常組織中的病毒，故常會復發。

2. 目前尚無特異的預防方法，可以根據 HPV 傳染方式，切斷傳播途徑，是有效的預防措施。小的皮膚疣有自行消退的可能，一般無需處理。尖性濕疣病損範圍較大，可以執行手術，但是常規性外科切除有較高的再發率。一些物理療法，例如電烙術、雷射治療、液氮冷凍療法，有較好的治療效果。使用干擾素治生殖器 HPV 感染，整合上述一些輔助性療法，有廣闊的前景。

10-5 感染性蛋白體：生物學的性狀

感染性蛋白體（prion）又稱為感染性蛋白體病毒或傳染性蛋白粒子，是一種不含有核酸，在人類和動物引起傳染性海綿狀腦病（transmissible spongiform encephalopathies, TSE）的病原體。感染性蛋白體的主要成分是蛋白抗性蛋白（proteinase resistant protein, PrP），雖然不含有核酸，但是具有傳染性。美國學者 Prusiner 首先提出感染性蛋白體是 TSE 的病原體，並對 PrP 的生物學特性及與 TSE 的關係做了大量的研究，並因此而獲得 1997 年的諾貝爾生理和醫學獎。

感染性蛋白體是從病人及感染動物腦組織中萃取純化出來之構像異常的感染性蛋白（scrapie isoform of PrP），稱之為 PrP SC，具有抵抗蛋白的消化功能，並不具有病毒體結構，不含有核酸。正常人和動物神經細胞能夠表達一種 PrP 的類似物質，稱之為 PrP 前體或感染性蛋白體前體分子，亦即 PrP C（cellular isoform of PrP）。PrP C 分布於正常細胞表面，對蛋白相當敏感，與神經細胞突觸功能有關。相關的研究證實，PrP SC 和 PrP C 氨基酸序列相類似，但是由三級結構所決定的立體構象並不同。PrP SC 的三維構象具有 2 個 α-螺旋和 4 個 β-折疊；而 PrP C 具有 4 個 α-螺旋，沒有 β-折疊。正常 PrP 結構中的 2 個 α-螺旋向 PrP 4 個 β-折疊的轉變，使得 PrP 獲得致病性和對蛋白抗性的特徵。在正常的情況下，PrP 合成之後即會迅速降解，其變形結構為 PrP 的誘因及增殖的方式不詳。目前大多認同 Prusiner 所提出的假說，即 PrP 與細胞表面 PrP 結合，並以 PrP 為範本誘導 PrP 變形結構，由此產生的 PrP 又會作為範本，觸發更多的 PrP 產生。大量的 PrP 從細胞釋放之後，在腦組織中聚合成澱粉狀斑塊，並進一步發展為海綿狀腦病。感染性蛋白體對煮沸、冷凍、甲醛、乙醇、蛋白、加熱（80°C）、電離輻射和紫外線等和一般的高壓蒸汽滅菌的抵抗力均相當強，PrP 在土壤中可存活 20 年。感染性蛋白體對 1mol/LNaOH 處理 1 小時、5% 次氯酸鈉或 10% 漂白劑處理 2 小時、高壓滅菌（134°C）1 小時會失活。

小博士解說

1. 羊瘙癢病（scrapie）：是感染性蛋白體所引起的最常見疾病之一，是綿羊和山羊地方性、致死性、慢性消耗性疾病。該病症是由於動物瘙癢、磨擦，導致大量的脫毛而取名。潛伏期為 1 至 3 年，會引起動物運動失調和致殘、致死，從瘙癢病動物腦組織的內視鏡觀察，可以見到異常的瘙癢病相關纖維（Scrapie-associated fibrils, SAF），是 prion 感染的指標之一，與 prion 的感染滴度成正比，實質上，高度純化的 SAF 主要由 PrPSC 所組成。

2. 牛海綿狀腦病（bovine spongiform encephalopathy, BSE）：俗稱為瘋牛病（mad cow disease），於 1985 年在英國飼養的牛群中出現一種類似羊瘙癢症的病症，在 1986 年迅速地流行，並擴大至十幾個國家。追查此一突發事件發現牛飼料中添加了羊和牛的內臟、骨粉等，認為引起瘋牛病的病原可能來自於羊瘙癢病，PrPSC 在神經組織中大量沉積而產生海綿狀退行性性變和神經膠質增生。

3. 顫抖病（Kuru Disease）：第一個被認為是由 prion 所引起人的傳染性海綿狀腦病，發生於巴布亞新幾內亞高原上的土著部落病人小腦受損，產生共濟失調和震顫。"Kuru" 此一名詞是當地的方言，用來形容本病顫抖和跳動的特徵。患者大多為婦女和兒童，成年男子很少患病。Kuru 病的潛伏期為 5～30 年，早期症狀為運動失調、顫抖，晚期會出現癡呆。病程一般不超過 1 年，大多在 6～9 個月之內死亡，當地有宗教性食屍的惡習，這是感染本病症的主要原因。

感染性蛋白體的生物學性狀

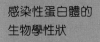 感染性蛋白體的生物學性狀

1.Alpha 螺旋，PrPC（正常）
2.β 折疊，PrPSC（致病）

感染性蛋白體的生物學特性

可濾過性	增殖非常緩慢
與已知的病毒特徵	明顯地不同
不具有病毒的結構	並未檢查出核酸
對福馬林、蛋白、加熱、電離輻射、紫外線的抵抗力	較強
感染性蛋白體是由神經細胞編碼，分子構型以 alpha- 螺旋為主，對蛋白 K 相當敏感	感染性蛋白體以 beta- 折疊為主，對蛋白 K 有抗性，又稱為 PrPSC。PrPC 和朊病毒的氨基酸序列完全相同，但是其空間構象並不相同
感染性蛋白體病症的共同特徵	潛伏期較長，以海綿狀腦病（TSE）為特徵，致死性中樞神經系統的慢性退化性疾患
病理學的特點	大腦皮質神經元退化，空泡變性，形成澱粉狀的斑塊，星形膠質細胞增生，並無發炎症的反應，成為海綿狀腦病或白質腦病
免疫性	免疫原性較低，並無特異性的免疫回應

感染性蛋白體

傳染性蛋白粒子或蛋白浸染顆粒簡稱為感染性蛋白體或感染性蛋白體病毒	是尚未弄清楚的一種蛋白質傳染因子，由正常宿主細胞基因編碼，構象異常的蛋白質
感染性蛋白體	是存在於感染動物組織中、具有致病性與傳染性、對蛋白 K 有抗性的感染性蛋白
感染性蛋白體對各種理化作用的抵抗力較強	它具有傳染性，潛伏期較長，在人和動物中引起以海綿狀腦病為特徵的致死性中樞神經系統的慢性退化性疾患

生物學性狀

至今未能查到任何核酸	僅發現宿主體內存在兩種結構相同、分子構型不同的 PrP
細胞感染性蛋白（PrPC）	PrP 基因位於第 20 號染色體的短臂上，編碼為 PrP 前體蛋白，分子量 33-35kD，對蛋白相當敏感，並沒有致病性
致病感染性蛋白（PrPSC）	與 PrPC 的一級結構完全相類似，但是空間的結構並不相同

10-6 感染性蛋白體與克雅病

（一）感染性蛋白體的致病性與免疫性

　　感染性蛋白體所導致的疾病是一種人和動物的慢性、進行性、退化性病變、致死性中樞神經系統疾病。1998 年在英國爆發的瘋牛病，有十萬餘頭牛因為發病而死亡，並殃及人類，後來證實是由感染性蛋白體所引起的。感染性蛋白體導致疾病的共同特點為：潛伏期較長，會高達數年至數十年之久；一旦發病即會呈現慢性進行性的發展，並且最後會死亡；病理特徵是腦組織類似海綿狀，故有海綿狀腦病或白質腦病之稱；並不能誘導產生特異性免疫應。病變部位只發生在中樞神經系統，而不會波及其他的器官，在臨床上表現為癡呆、共濟失調、震顫、癲癇等精神神經症狀。已知感染性蛋白體（朊粒）所導致的人和動物疾病有：庫魯病（震顫病）、克雅病、克雅病變種（Variant CJD, vCJD）、Cerstmann-Straussler 症候群、致死性家族性失眠症、羊瘙癢病（scrapie of sheep and goat）、牛海綿狀腦病（bovine spongiform encephalopathy, BSE）（俗稱為瘋牛病）、傳染性雪貂白質腦病（transmissible mink encephalopathy）和大耳鹿慢性消耗病（chronic wasting disease of mule deer）等。

（二）感染性蛋白體的微生物學檢查

　　對疑似病例採取腦脊液和病變腦組織，經過處理消除其感染性之後，透過染色鏡檢查、免疫組化和免疫印跡等方法來檢測 PrP，其中採用特異性抗體的免疫組化和免疫印跡技術是目前確診傳染性海綿狀腦病常用的方法。另外，測定第 20 號染色體短臂上的 PrP 基因序列，會輔助診斷遺傳性感染性與蛋白體感染性疾病。

（三）感染性蛋白體的防治原則

　　目前，對感染性蛋白體感染性疾病尚無有效的治療方法。要規範血製品及動物來源醫療用品的生產，要嚴格遵守醫療的操作和消毒的程序，提倡使用一次性神經外科儀器，不應選擇尚未確診的神經系統疾病患者作為供體，以杜絕醫源性傳染。進口有牛海綿狀腦病（BSE）國家的活牛及其製品，必須做嚴格的特殊檢疫和整體性的追蹤調查，以防止輸入性感染。

（四）克雅病（Creutzfeld-Jakob disease, CJD）

　　又稱為傳染性癡呆病或早老性癡呆病，是人類最常見的海綿狀腦病，呈現全球性的分布，發病率是百萬分之一，年齡均在 50 歲以上；潛伏期高達數十年之久，典型臨床表現為進行性發展的癡呆，肌痙攣，小腦共濟失調，並會迅速發展為半癱瘓，癲癇，甚至昏迷。患者會在一年之內死於感染或中樞神經系統功能衰竭。

小博士 解說

　　克雅病的新變種（new variant of CJD）：近年所提出的新概念。1996 年在英國出現了一種新的克雅病變異型，在發病年齡上與克雅病不同，新變種發生於青年人（平均年齡 26 歲），療程長達 14 個月，而且臨床特點也與之不同，在開始時會出現精神和感覺方面異常的症狀，隨後運動失調，最後階段才會出現肌肉痙攣和癡呆。其神經病理特點是全腦呈現大量的 PrPRES 累積，並形成多發性澱粉狀的斑塊被海綿狀組織所包圍（其與 BSE 和 Kuru 病的病理相類似）。

感染性蛋白體的致病性

潛伏期較長	會高達數月、數年甚至數十年之久
發病	呈現慢性、進行性、直至死亡為止
病理的變化	腦皮質神經元退化，空泡變性，形成澱粉狀的斑塊，星狀細胞增生，成為海綿狀的腦病或白質腦病
並不能產生	特異性的免疫回應
臨床表現	癡呆、震顫、共濟失調

感染性蛋白體的分類

傳染型 ➡ 占 10%，主要由醫源性傳播，例如角膜或硬腦膜移植，使用污染的手術儀器，使用人類垂體製備的生長激素等，大多於手術之後 18 個月發病

家族遺傳型 ➡ 占 10 ～ 15%，包括 GSS 症候群及致死性家族性失眠

散發型 ➡ 最為常見，占 75 ～ 80%

感染性蛋白體的微生物學檢查

實驗室的診斷 ➡ 主要是依賴於神經病理學檢查，海綿狀病變稀疏地分布於整個大腦皮層，神經元喪失，星狀細胞增生，典型病變為融合性海綿狀空泡，空泡周圍有大量的澱粉狀的斑塊，在 HE 和 PAS 染色中清晰可見

基因診斷的方法 ➡ PrP 基因全長為 759bp，編碼有 253 個氨基酸，僅含一個外顯子和一個 ORF，很適合於使用 PCR 法來擴增出 PrP 的全基因免疫組化法、免疫印跡法（western blotting）

克雅病防治的原則

感染性蛋白體感染所導致的疾病 ➡ 目前均無治療的方法

杜絕醫源性感染 ➡ 克雅病的傳播會因為角膜移植、神經外科手術，屍體解剖和使用人垂體激素等禁止使用任何動物內臟器官（尤其是腦、脊髓、視網膜等）加工成牛或其他動物的飼料，加強進口牛、羊製品和飼料的檢疫

強化消毒 ➡ 由於感染性蛋白體對理化因子的抵抗力較強，高壓滅菌時需要 134℃，處理 1 小時，在手術儀器消毒時，選擇有效的藥劑（例如 5% 次氯酸鈉等）浸泡 1 小時以上

克雅病的神經病理特點

大腦海綿狀變性	類似於瘙癢病，在腦組織中可以見到一種非常類似於瘙癢病 PrPSC 的蛋白，推測 CJD 傳染因子來源於羊瘙癢病
已經證實此病是由感染性蛋白體 PrPRES 大量沉積在神經組織之中	形成澱粉狀的斑塊，而引起到死性中樞神經系統的慢性退化性疾病

國家圖書館出版品預行編目資料

圖解病毒學／劉明德，黃國石著. ——初版.
——臺北市：五南，2016.06
　面；　公分
　ISBN 978-957-11-8616-0（平裝）

1.病毒學

369.74　　　　　　　　　105007204

5J59

圖解病毒學

作　　　者 ―	劉明德（359.3）　黃國石
發 行 人 ―	楊榮川
總 編 輯 ―	王翠華
主　　　編 ―	王俐文
責任編輯 ―	金明芬
封面設計 ―	陳翰陞

出 版 者 ─ 五南圖書出版股份有限公司

地　　　址：106台北市大安區和平東路二段339號4樓

電　　　話：(02)2705-5066　　傳　　　真：(02)2706-6100

網　　　址：http://www.wunan.com.tw

電子郵件：wunan@wunan.com.tw

劃撥帳號：01068953

戶　　　名：五南圖書出版股份有限公司

法律顧問　林勝安律師事務所　林勝安律師

出版日期　2016年6月初版一刷

定　　　價　新臺幣280元